做个出类拔萃的女孩

朱丽娟◎编著

中国商业出版社

图书在版编目（CIP）数据

做个出类拔萃的女孩 / 朱丽娟编著 . — 北京：
中国商业出版社，2011.7
ISBN 978-7-5044-7345-5

Ⅰ. ①做… Ⅱ. ①朱… Ⅲ. ①女性—成功心理—通俗读物 Ⅳ. B848.4-49

中国版本图书馆 CIP 数据核字（2011）第 120818 号

责任编辑：李志敏

中国商业出版社出版发行
010-63180647 www. c-cbook. com
（100053 北京广安门内报国寺 1 号）
新华书店经销
天津冠豪恒胜业印刷有限公司印刷
*
710 毫米 ×1000 毫米 16 开 17 印张 250 千字
2012 年 2 月第 1 版 2020 年 4 月第 2 次印刷
定价：48.00 元

* * * *

（如有印装质量问题可更换）

前言

在青涩的年纪，很多女孩都有这样的疑惑：怎样的人生才是最有意义的？有意义的人生最重要的一点，就是要有自己的理想，要有自己的奋斗目标。假若没有理想，没有目标，人只能在空虚中度过，只能一步步地走向堕落，这是对自己不负责任的表现，更与优秀无缘。树立崇高的理想，并为之付出，为之奋斗，在这个过程中，一个女孩最为优秀的一面就会淋漓尽致地体现出来。

外在的美丽离不开内在的修养，这是产生个人魅力的真正源泉。一个女孩要想让自己优秀起来，要想处处受到欢迎，就一定要懂得：外表可以不漂亮，但不能没有内在的修养，这是作为一个女孩的最高境界。漂亮只能天生，内在的修养却可以不断地完善，它包括了高尚的情操、宠辱不惊的心态、纯真善良的爱心等元素。这样的女孩能让自己的智慧体现在言谈里、笑容中、生活内，由内而外散发出清新雅致的气质。

知识可以改变命运。无论你出生在什么家庭，只要你勤奋学习，依靠自己掌握的知识和才能，你就可以成为一个出类拔萃的女孩。在人类迈向知识经济时代的今天，知识对每个人的重要性越来越突出，现在不再是“活到老，学到老”，而是“学到老，才能活到老”。所以，优秀的女孩都要学习、学习、再学习；准备得充分一些、再充分一些。这样才能不断提高自身素质，抓住机遇，走向成功。

有所成就的女性，小时候往往都有自己心仪的榜样。确实，那些做出非凡业绩的榜样人物身上，一般都有常人所不具备的东西。通过向他们学习，对照自己的行为，可以改变自己的不良习惯，培养自己追求梦想的决心。但是有一点，女孩子一定要找对自己的榜样，不能不切实际，这样才能让榜样起到引领自己、帮助自己的作用。

一本好书能给正在成长的女孩们带来无穷的收益。本书所收录的故事就是女孩们最好的榜样。本书的这些思想你若能铭记在心，就成为你永久的朋友和永恒的慰藉。它能把你带入最优秀的人群之中，把你带到人间最伟大的思想家面前，让你聆听其话语，领会其成就，仿佛他们依然活在人间。菲利普·悉尼爵士说：“与高尚思想为伴的人永不寂寞。”只要有书为伴，你的思想就永远不会孤独。

没有一艘船能像一本书，能将我们送到遥远的异乡；也没有任何骏马，像一页奔腾跳跃的诗篇，能载着我们驰骋向辽阔的新世界。在所有的朋友当中，书籍最为耐心又令人愉悦，当你身处逆境时，它并不会变脸抛弃你，而总是始终如一，友爱接纳。在你受到诱惑时，美好纯真的思想如同仁慈的天使，净化你的灵魂，并蕴涵你行动的萌芽。你年轻时，书籍会给你以欢娱和陶冶；你老迈时，又会给你以慰藉和鼓励。

Contents
目录

第一辑　有一种美丽叫自信

第二辑　有一种心态叫阳光

第三辑 有一种温柔叫善良

第四辑　有一种成长叫挫折

第五辑 有一种尊重叫自爱

第六辑　有一种成功叫自强

第七辑 有一种魅力叫气质

第八辑　有一种友爱叫真诚

第一辑

有一种美丽叫自信

自身的价值

唯有自信，才是一个人成功的可靠资本。一个女孩只要拥有自信，她就会相信自己的价值，而不在乎别人怎么评说，始终朝着自己确定的人生目标奋勇前进。

索菲亚·罗兰是蜚声世界影坛的意大利著名电影明星，她能够成为一代超级影星，是与她自信以及对自身价值的肯定分不开的。

早年，为了生存以及对电影事业的热爱，16岁的索菲亚来到了罗马，想在这里涉足电影界。没有想到，她第一次试镜就失败了，所有的摄影师都说她够不上美人的标准，抱怨她的鼻子和臀部。导演卡洛·庞蒂只好把索菲亚叫到办公室，建议她把臀部削减一点儿，把鼻子缩短一点儿。

一般情况下，许多演员都对导演言听计从。可是，索菲亚却非常有主见，她明确拒绝了导演的要求。“我当然懂得因为我的外形与已经成名的那些女演员颇有不同，她们都相貌出众，五官端正，而我却不是这样。我的脸上毛病太多，但这些毛病加在一起反而会使我显得更加有魅力。如果我的鼻子上有一个肿块，我会毫不犹豫把它除掉。但是，说我的鼻子太长就是无道理的，因为我知道，鼻子是脸的主要部分，它使脸具有特点。我喜欢我的鼻子和脸的本来的样子。说实话，我的脸确实与众不同，但是我为什么要长得跟别人一样呢？”

导演继续劝说：“你不可以尝试着改变一点点吗？”

索菲亚回答：“我什么要改变呢？我愿意保持我的本来面目。”

正是由于索菲亚的坚持，使导演卡洛·庞蒂重新审视自己的看法，真正认识了自信而有个性的索菲亚·罗兰，并且越来越欣赏她。

在演艺生涯中，索菲亚也没有为迎合别人而放弃自己的个性，更没有因为别人而丧失信心，所以她才得以在电影中充分展示她与众不同的美。而且，她以独特的外貌和热情、开朗、奔放的性格最终得到人们的认可。

后来，索菲亚主演的《两妇人》获得巨大成功，并因此荣获奥斯卡最佳女演员奖金像奖。

美丽源于自信

自信原本就是一种美丽。无论你是美丽动人，还是相貌平平，只要你抬头挺胸，焕发出青春的朝气，面带阳光的微笑，你就会显得美丽，同时也会越来越自信、快乐。

安妮是小学四年级女生，她一直感觉自己长得不漂亮，平时遇见老师和其他同学，总是爱低着头。同龄的女同学跟她说话时，她还不怎么紧张。老师要她回答问题，她就显得很不自然，脸蛋儿马上变得绯红。

有一天上学前，安妮路过一家头饰店，她进去挑选了一只自己喜爱的蝴蝶结戴在头上。随即，店里的女导购员走了过来，不停地赞美她戴上蝴蝶结是多么漂亮。

安妮心里明白，导购员的赞美里有恭维的成分，但她还是感觉很高兴，于是，就付钱买了下来。戴上了蝴蝶结，安妮走路时不由得昂起了头，出店门时，因为兴奋与导购员撞了一下，她都没有在意。

安妮走进教室，迎面碰上了老师。“安妮，你昂起头来真美！”女老师爱抚地拍拍她的肩膀说。

那一天，安妮得到了许多人的赞美，无形中她也感觉自信了。她想，这一定是因为戴上蝴蝶结的缘故。回到家后，她急忙去照镜子，想再仔细欣赏一下好看的蝴蝶结。然而，头上压根儿什么都没有！经过仔细回忆，她想起来了，可能是她不慎与导购员相撞时弄丢了。

从此以后，安妮深深地明白：别人夸自己漂亮，并不是因为自己戴上了蝴蝶结，而是因为自己昂起头来所表现出来的自信。

人不可貌相

每个人都拥有无限的潜力，许多时候，我们欠缺的只是对自己的信心和一种坚持不懈地自我挖掘的精神。

凯瑟琳·格雷厄姆出生在美国纽约一个富有家庭，因为长相不漂亮，自小就没有得到父母的疼爱，她很自卑，性格越来越内向，见到生人有点害怕。

16岁那年，凯瑟琳的父亲在一次破产拍卖会上买下了《华盛顿邮报》。大学毕业后，她进入父亲的报社担任读者来信专栏主编，月薪只有25美元。在这里工作期间，凯瑟琳遇到了一位年轻律师，后来两人结婚了。但凯瑟琳依旧羞怯，外出时经常躲在丈夫后面。在宴会上，她总是被主人安排在不显眼的位置上，甚至连自己的家人也对她视而不见。

没过几年，凯瑟琳的父亲就将报社交给她丈夫管理。父亲让她回家相夫教子。后来，由于报社经营不善，凯瑟琳的丈夫患上抑郁症，不久就自杀了。这时，凯瑟琳已经四十多岁了，突然间没了丈夫，她感到天快塌下来了。

这件事发生后，几乎所有人都预言报社将被出售，没人料到素来柔弱胆怯的凯瑟琳在这关键时刻会站出来挑起这副重担。她上任后的第一件事就是更换人员。她决定彻底改变报社陈旧过时的风格，引进新潮流行的新闻元素。为此，她不惜重金网罗新闻精英，并给他们自由发挥的空间。不久，报社发生了根本的变化，渐渐有了起色。

1972年6月，5名男子因私自闯入水门饭店民主党全国总部而被捕。迫于压力许多媒体对此事轻描淡写，凯瑟琳却感觉到这是天赐良机，派出记者进行深入调查，终于发现共和党政府试图在民主党总部安装窃听器，破坏民主党的竞选活动的丑闻。

丑闻曝光后，美国总统生气了，司法部长更是暴跳如雷，扬言要凯瑟琳人头落地。但凯瑟琳毫无畏惧，她的正直与勇气唤醒了美国各大新闻媒体，强大的舆论力量终于迫使总统黯然下台。

谁也料不到，这个羞涩、腼腆、胆小的女人，不但挽救了濒临倒闭的《华盛顿邮报》，而且还以一份报纸扳倒了总统，成为美国新闻史上的传奇人物。这一年，凯瑟琳的报社获得普利策奖，在美国确立了大报地位。

凯瑟琳上任时，报社总收入只有840万美元，旗下的子公司只有《新闻周刊》和两家电视台。到1993年凯瑟琳退休时，她的事业已发展为包括报纸、杂志、电视台、有线电视和教育服务企业在内的庞大新闻集团。

现场推销

经验确实能教给我们很多东西，只是这需要花费太长的时间。等到人们获得智慧的时候，其价值已随着时间的消逝而减少了。结果往往是这样，经验丰富了，人也余生无多。

在别人眼中，玛琪是一个稚气未脱的黄毛丫头，但她却是世界上最伟大的女推销员之一。

从7岁开始，玛琪便凭借着卖饼干赚了5万美元；10岁那年，她熟练掌握了推销技巧，在放学后就挨家挨户推销饼干。

原来，玛琪很害羞，后来她竟成了推销饼干的高手。

和其他心怀梦想的女孩子相比，玛琪既不能算是高智商，性格上也没有多么的外向大方。其差别就在于，她发现了推销的秘诀：那就是坚持，坚持，再坚持！

许多人在尚未开始推销前就失败了，因为他们没有请求别人买自己想推销的东西，不管推销的是何种产品，在别人拒绝之前，他们常常因为害怕被拒绝，就打起了退堂鼓。

其实，我们每个人每天都在推销。玛琪说："你在学校推销自己，把自己推销给老师、同学；走入社会以后，你又把自己推销给老板和新认识的人。我妈妈是个服务员，她推销的是每日特餐。想得选票的市长、总统也在推销自己。"

然而，推销是需要勇气的，不要害怕被顾客拒绝，也不要担心自己可能失败。你坚持的次数越多，你就越容易得到你想要的东西，而且也因此获得更多的快乐。

有一次，在一个现场直播的电视节目里，导演决定给玛琪一个最困难的考验——让她把一种女孩子专用饼干推销给现场的一位嘉宾。

于是，玛琪问他："先生，你要不要买一打或两打女孩子专用饼干？"

"什么？女孩子专用饼干？我从来不买什么女孩子专用饼干！"对方回答说，"我是联邦监狱的一个分区监狱长，每天晚上我要让一千多名犯人安静地入睡。"

玛琪对他的回答一点也不生气："先生，如果您肯买一些饼干，或许您就不会如此小气、愤怒和恶毒，而且，我觉得这是一个不错的主意！你可以带一些饼干给每一位犯人，让他们品尝一下。"

过了不久，这位监狱长还真给她开了一张支票。

敢于质疑

真理不是永恒的。在人类越过真理大山之后，先前的真理可能就不再是真理。女孩子需要独立思考，发现问题要敢于质疑。

丹妮通过了入学考试，成为剑桥大学的一名女大学生。经过一个学期的学习，她的成绩名列前茅。

有一次，阿加尔教授安排学生做实验，他讲解了做实验的具体步骤。丹妮按照阿加尔教授在课堂上讲述的步骤做实验，结果却总是与教授讲的理论不相符。

于是，丹妮重新做了好多次实验，理论与实验结果还是不相符。仔细研读教科书上有关理论及其实验的部分内容，她发现教授讲的实验步骤有一个错误的地方。随后，她把自己的看法告诉了阿加尔教授。教授说："那一定是你实验时弄错了！"

"我是按照您讲的步骤做实验的，也许是您设计的实验步骤有问题。"丹妮说。

"那为什么其他同学没有发现错误呢？"

"他们按照您讲的步骤做了实验，可是并没有仔细检查实验结果。"

阿加尔教授将信将疑道："我设计的实验步骤真的错了吗？让我去看看。"

丹妮和阿加尔教授一起来到实验室，教授亲自指导她做实验，结果证明果然是实验步骤有错误。看到这个结果，阿加尔教授对丹妮说："没有想到我设计的实验步骤，班上的同学都做了，唯独你能指出它有错误。看来，我得重新设计实验步骤了。"

丹妮说："不用全部否定！其实，改进一个地方就可以了。"接着，她说出了自己的建议。阿加尔教授听了很高兴，不禁夸赞说："你喜欢思考，是个敢于质疑的好学生，你提出的建议使我设计的方案更加完美了。"

丹妮说："其他同学是太尊崇您了，以致丝毫没有怀疑您设计的方案有错误的地方。我也是反复做了多次实验之后才产生疑问的。"

阿加尔教授说："虽然你用事实证明我的设计方案有问题，但是我仍然十分高兴。希望你将来比我更优秀。"

果然，两年后，丹妮如愿以偿地被学校录取为研究生。后来，她成为著名科学家。

出人意料

脚不能达到的地方，眼睛可以达到；眼睛不能达到的地方，精神总可以到达。只要你怀揣希望，理想就不再遥远。

诺兰是家中唯一的女孩儿，从小就是父母的掌上明珠。不幸的是，在上中学的时候，她患上了一种罕见的疾病。

诺兰患上的这种病，会随着患者年龄的增长而加重，最终使患者的五官渐渐萎缩，严重变形。目前，在全球范围内还没有行之有效的治疗方法。尽管这种病很可怕，却不会危及患者的生命。

自从诺兰患病后，她一直没有丧失战胜病魔的毅力，以及对生活的美好愿望。她心里始终燃烧着一团希望的火焰。她希望通过努力学习，取得事业上的成功，进而改变自己的现状。

虽然诺兰几乎包揽了年级所有学科的第一名，但在学校里，一些男孩子仍然经常取笑她，还给她起了“歪鼻子”的不雅绰号。

一天，在社会心理学课上，老师让同学们讨论自己的理想。教室里一下子炸开了锅。同学们个个神采飞扬，你一言，我一语，热烈地讨论着，唯独诺兰暗自沉思，静静地坐在那里。

接着，老师让同学逐个发言。轮到诺兰时，没等她开口，一个调皮的男生就抢先喊道：“整容，她的理想只有整容！”话音未落，就引起了一片哄笑声。

诺兰转过头，表情认真地看着那个男生说：“唐姆，你错了！我的理想并不是整容，那样也改变不了我脸上的残疾和缺陷。我只有一个理想：就是做一名律师。”她刚说完，教室里哄堂大笑，诺兰再次遭到了同学们的嘲笑。

于是，诺兰表情严肃地重申道：“我真的要当律师，去帮助那些可怜的受害人以及遭到别人歧视的身患残疾的人。”她补充说：“也许有一天，我的脸可能会更难看，但只要我活着，就会继续证明，容貌并不等于生命的全部，比这更重要的是你生命中的自信和坚强。”

教室里瞬时静了下来，每个同学都陷入了沉思。

4年后，诺兰大学毕业，她通过不懈的努力，考取了职业律师资格证。数年后，她终于成了一位知名的律师。

艰难的考试

你要为每一天、每个星期、每个月、每一年、甚至你的一生确立目标。正像种子需要雨水的滋润才能破土而出，发芽长叶，你的生命也须有目标方能结出硕果。

格蒂·科里出生在一个富裕的犹太人家庭。尽管父亲为她们姐妹请了一名家庭教师，但父亲并不指望孩子有什么大作为。格蒂继承犹太人与生俱来的爱读书的习惯，对知识充满渴求，因而她的学习成绩一直非常好。

格蒂的好学引起了叔叔罗伯特的注意。作为儿科教授，罗伯特看不惯哥哥教育孩子的方式，因此只要有时间，他就和侄女在一起，千方百计地教育她掌握科学知识。罗伯特知道，格蒂虽然好学，但没有什么特别的追求，对父母给她安排的安逸生活也是乐于接受。于是，他经常语重心长地劝告格蒂不要沉溺于安逸的生活而碌碌无为，那样的人生表面上看起来似乎很幸福、让人羡慕，但人生的意义却绝不仅限于此。

叔叔的话多次让格蒂陷入深思，是啊，庸庸碌碌的生活确实没有什么意思，人总得有点追求才对。格蒂想，也许她应该上医学院，当一名像叔叔那样出色的医生。

1912年，格蒂即将从私立学校毕业，罗伯特专门找她聊天。他问格蒂："你毕业以后打算干什么呢？"

"跟您学医。"格蒂脱口而出。

听了侄女的话，叔叔暗自高兴，但他假装很担忧地说："哎呀，你不觉得现在太晚了吗？你还没有正正规规地学过拉丁语、数学、物理学和化学呢，要想进医学院，这些可是必考的科目呢！你能考得上吗？"叔叔说完了，又假装一脸不信任地看着格蒂。

格蒂的好胜心被激发了出来，她不服气地说："那有什么难的，我一定能考上。"

"好，那叔叔就等着你的好消息了。"

望着叔叔离去的背影，格蒂不禁有些犯愁，按照当时的规定，她必须先学8年的拉丁文，5年的数学、物理和化学，这样她才能有一定的基础去考大学。但是现在，这几门课她一门还没有学过呢，能考上吗？大话已经说过了，再说她也非常想读医学院。

"必须马上补习这几门功课，这样才能有希望上大学！"格蒂对自己下了命令。

命运似乎特别愿意帮助有志向的人。这年夏天，格蒂和家人度假时，遇到了一位老师，他答应帮格蒂补课。在这位老师的帮助之下，再加上格蒂自己的勤奋努力，她只用了一年半的时间就达到了入学要求，顺利地通过了大学的入学考试。

后来，格蒂成为一名著名医学家。她在回忆这段经历时曾说："这是我一生中经历的最艰难的考试。如果没有想考上医学院的理想，我的人生也许就是另一个样子了。"

执　著

知识可以改变人的命运。如果你掌握了知识没有变得出类拔萃，但至少可以脱离平庸。

一百多年前，在波兰华沙的一所小学里，有一个叫玛丽·斯可罗多夫斯卡的女生。

有一次，吃过饭后，姐妹们都在一边做游戏，而小玛丽却拿了一本书坐在书桌旁看了起来。姐妹们打闹的嬉笑声太大了，她就用两根手指塞住耳朵，还在专心地看书。小伙伴们有时逗她，她连眼皮也不抬一下。

这时，小玛丽的表姐来了，看见小玛丽那专心的样子，不禁觉得好笑，就想捉弄她一下。于是，她们搬来几把椅子，在小玛丽身后堆成了一个塔状，然后悄悄躲在一边，准备看小玛丽的笑话。谁知小玛丽沉浸于书本里，半个小时过去了，竟没有察觉。

正当小伙伴们等得不耐烦时，小玛丽读完了一本书，准备再换另一本，她刚一抬头，只听得"哗"的一声，椅子全倒了下来，砸到了小玛丽的肩膀。

姐妹们大笑着四处跑开，她们以为小玛丽要追赶着打闹起来。她们跑出了一段距离，却发现没有一个人被小玛丽追赶。她们感觉奇怪，难道小玛丽被砸得起不来了？大家扭头回来想看个究竟。

让姐妹们吃惊的是，小玛丽换了一本书又坐在了原来那个位置看了起来，好像没有发生过任何事情一样。大家面面相觑，不得不佩服小玛丽读书的劲头了。

玛丽中学毕业后，当了家庭教师，她又渴望继续上大学。然而，波兰大学当时是不收女生的。她梦想能去巴黎学习物理和化学，她姐姐希望到巴黎学医。于是，她们姐妹俩一点点地积攒去巴黎求学的费用。后来，姐姐先到巴黎，玛丽留在波兰挣钱供姐姐上学。

5年后，姐姐获得了博士学位。玛丽来到巴黎索尔本学院求学，她穿着破旧衣服，住在简陋的小屋里，饿了经常用面包和茶水填饱肚子。在大学期间，玛丽像块贪婪的海绵，拼命地吸吮知识的乳汁。图书馆是玛丽经常去的地方，有一次她忘了吃饭，竟然饿得晕倒在图书馆里。几乎每天晚上，她都要在图书馆看书，直到闭馆的时间才回去。回到寝室，她在油灯下，一直看书到凌晨一两点。

冬季，玛丽躺在床上休息的时候，常常被冻醒了，她只得爬起来，把自己所有衣服都穿在身上再重新躺下。艰苦的生活，刻苦的学习，一度弄得玛丽容颜憔悴。在索尔本学院的学位考试中，玛丽以优异的成绩获得了物理学硕士第一名。

此后，玛丽仍然孜孜以求，从不倦怠。1898年，她与丈夫皮埃尔·居里共同发现了镭和钋两种放射性元素。1910年，她又提炼了金属镭。她就是曾两次获得诺贝尔奖、享誉世界的著名女科学家居里夫人。

自信的考试

一时的成败无所谓，一生的成败决定于一个人自信与否，只有自信的女孩才会在一生的考卷中得高分。每个女孩都应该相信自己的能力，相信通过自己的努力，能够成为出色的女性。

某实验小学五年级正在进行数学考试，老师在发试卷前，对班上的学生说："同学们这个学期都很努力，愿意退出这一次考试的同学，只要在花名册上写下自己的名字都将得到70分。"

不少学生觉得这是个好机会，因为这位数学老师平时出题比较难，数学课考试一般不容易获得高分。一些数学成绩不好的学生为了获得及格，经常熬夜复习，有时周日也在补课。今天考试前，老师居然开口说，可以让大家不考试就得到70分。平时数学成绩不好的学生三三两两地议论着，不知道老师说的话是真是假。

老师看出了他们的疑惑，就再次肯定地说，既然老师都已经说出口了，大家还有什么可担心的呢？随即，那些正担心自己考试不及格的学生就站了起来，虽然他们心里七上八下，但还是走到了老师面前，在花名册上签下了自己的名字。

学生陆续走出了教室，一个个欢呼雀跃。老师看着剩余的少数学生，问道："还有谁？这是最后的机会了。"

接着，又有几个学生环顾了四周，站了起来，签上名字，离开了教室。

看了看再也没有学生愿意放弃考试，老师再一次重申："这是最后的机会了，还有没有想离开的？”

剩下的几个学生都不为所动。这时，老师关上教室的门，对他们说：“你们为什么不抓住眼前的这个机会呢？你们知道我出考题都比较难。你们放弃了可以轻松获得70分的机会，但这次考试就不一定能得到高分，甚至难以及格了。”

老师说完，有一个女生面带微笑地站起来说：“老师，我知道您出的考题难，但是我还是想通过自己的能力来获得好成绩。我相信自己这一次考试能获得比70更高的分数，起码在90分以上。”

听了这个女生的话，老师露出了笑容，他慢慢地走到这名女生的面前，对她说：“我对你的自信感到非常高兴。”随即，他走上讲台对在座的学生的说：“你们都很出色，你们也不用考试了。我给你们每个人打100分！”

自力更生的小富婆

只要一个女孩有自信，敢于把自己的想法付诸行动，她就能够获得对人生的真实体验，进而在迈向成功的道路，不断发现新的天地，使自己的梦想成真。

杰茜出生在美国一个中产阶级家庭。父母对女儿的教育比较严格，为了使女儿从小养成节约的习惯，父母平时很少给她零花钱。

杰茜8岁的时候，有一天，她想去看电影，身上却分文全无。是向父母要钱还是自己挣钱？杰茜第一次开始思考这样的问题。结果，她选择了后者。杰茜决定利用自己学到的知识调制了一种汽水，然后在街边向行人出售。那时正值寒冬，没有人购买汽水，最后杰茜只等到两个顾客——她的父亲和母亲。

一次吃早饭时，父亲让杰茜去取报纸——美国的送报员总是把报纸从花园篱笆中一个特制的管子里塞进来。假如你想穿着睡衣，一边舒服地吃早饭，一边悠闲地看报纸，就必须先离开温暖的房间到房子的大门口去取报，即使在天气不好的时候也必须如此。虽然有时候只需要走二三十步路，但也是非常麻烦的事情。

当杰茜为父亲取回报纸的时候，一个主意诞生了。当天她就挨个按响邻居的门铃，对他们说："每个月只需付给她1美元，她就每天早晨把报纸塞到他们的房门下面。大多数邻居都同意了，杰茜很快有了70多个顾客。当她在一个月后第一次赚到一大笔钱的时候，她兴奋得跳了起来。

高兴的同时，杰茜并没有满足现状，她还在寻找新的赚钱机会。经过一段时间的思考，杰茜决定让她的顾客每天把垃圾袋放在门前，然后由她早晨送报时顺便运到垃圾桶里，这样每位顾客每个月再加1美元。她的客户们很赞赏这个点子，于是她的月收入增加了一倍。后来，杰茜还为别人喂宠物、看房子、给植物浇水，她的月收入随之直线上升。

9岁时，杰茜开始学习使用父亲的电脑。她学着写广告，而且开始把小孩子能够挣钱的方法全部写了下来。因为她不断有新的主意，有了新主意就马上实施，所以很快她就有了丰厚的积蓄。杰茜的母亲帮女儿记账，好让她知道什么时候该向谁收钱。

随着业务的扩大，杰茜必须雇佣别的孩子为她帮忙，然后她把收入的一半付给他们。如此一来，钱便潮水般涌进了杰茜的腰包。

一个出版商注意到了杰茜，并说服她写了一本名叫《儿童挣钱的250个主意》的书。因此，杰茜在12岁的时候就成了一名畅销书作家。

后来，一家电视台了解到杰茜的情况，邀请她参加许多儿童谈话节目。杰茜在电视里表现得非常自然，受到许多观众的喜爱。

当杰茜15岁的时候，她开始自己在电视台主持谈话节目，通过做电视节目和电视广告，她已经发展到日进斗金的程度。

当杰茜17岁的时候，她已经成了百万富翁了。而杰茜所做的事，任何一个与她同龄的孩子都能做。杰茜这样做不只是为了赚钱，对一个孩子来说，最重要的是赚取了阅历和自信。

瞬间与视角

事业的成功与否往往取决于一个人的自信。当你认为自己的思想、观点和方法是正确的就应该保持自信，不要在意别人这样或那样的评说。只有这样，你才可能坚定自己的信念，最终实现自己的理想。

琼斯在12岁的时候，在她妈妈的影响下，选修了摄影课。不久，她就知道许多摄影家用的都是黑白胶片。有一天，爱好摄影的妈妈提议，她们一起拍摄著名的圣路易斯拱门。

那一天，天阴沉沉的，琼斯的妈妈建议等太阳出来再去拍摄，但琼斯说这样的光线正适合她构想的照片。母女俩刚来到圣路易斯拱门，琼斯便走到近前，背靠在拱门的三角形支柱上，向后弯着身，将相机举过头顶“咔嚓咔嚓”地拍摄了起来。

这时，妈妈说：“琼斯，你应该退后一些，把整个拱门照下来。”任何人只要见过拱门的照片，就知道琼斯的妈妈为什么这样讲。但琼斯没有理会妈妈的话，又走向另一根支柱，重复了前面的动作。琼斯的妈妈希望女儿能够拍出一张漂亮的照片，所以再次试图告诉女儿该怎样拍这张照片。可是，琼斯对于妈妈的忠告依旧不理会，她似乎完全没有把妈妈多年来在生日晚会上和度假时的摄影经验放在眼里。“不，我就要这样拍。”

琼斯说。

妈妈有些生气，自言自语地说："好吧，无非是浪费些胶卷和冲洗的费用，但是她会得到教训的，就算是付点学费吧！"

然而，事情的结果却是琼斯给她妈妈上了一课。几年过后，琼斯获得了旧金山艺术学院的奖学金，在安塞尔·亚当斯摄影中心实习，并在旧金山现代艺术博物馆举办了摄影展。琼斯拍摄的那张拱门照片已经被多家美术馆收藏。她的作品以独特的洞察力见长，正是这种特别的洞察力使琼斯在12岁时以妈妈意想不到的角度拍下了那张拱门的照片。

看到女儿取得的成就，琼斯的妈妈感慨地说："感谢上帝，幸亏女儿当时没有听从我的劝告。"琼斯拍摄那张照片的方法使她妈妈明白，世上大多难题的解决方法近在眼前——有时只要换个视角而已。

自信罐

自信是女孩最重要的素质之一。一个女孩有了自信，不但会积极地开创自己的事业，直至取得成功，而且，她的自信能够感染周围的人，使他们也逐渐变得越来越自信。

有个叫托妮的女生，自从职业学校毕业之后，一年多时间里找不到工作，内心压力很大，常常夜不能眠，整天变得烦躁不安。

那一段日子，托妮的精神快要崩溃了。长期的睡眠不足使她无法以正常的心态看待周围的世界，也无法正常地看待自己。她甚至怀疑自己天生就"低能"，她心想："毕业了竟连一份工作都找不到，以后还能做什么呢？"

这时候，托妮的一个叫凯蒂的女同学从另外一个城市托人给她带来一份礼物。托妮打开一看，是一个装饰得很漂亮的瓷器，上面还贴着一个标签，写着："托妮的自信罐，需要时用。"罐子里面装着几十个用浅蓝色纸条卷成的小纸卷，每个小纸卷上都写着凯蒂送给托妮的一句话。托妮迫不及待地一个个打开，只见上面分别写着：

上帝微笑着送给我一件宝贵的礼物，她的名字叫"托妮"。

我珍惜你的友谊。

我欣赏你的执著。

我希望住在离你的厨房100英尺远的地方。

你很好客。

你有宽广的胸怀。

你是我愿意一起在一家百货公司转上一整天的那个人。

你做什么事都那么仔细，那么任劳任怨。

我真的相信你能做好任何想做的事情。

我给你提两点建议：第一，当你完成一件自己想干的事情，或者得到别人的称赞和肯定的时候，就写一张小纸条放在这个罐里；第二，当你遇到困难和挫折，或者有点心灰意冷的时候，就从这个小罐里拿出几张纸条来看看。

读到这里，托妮的眼圈湿了。因为她深深地感觉到，她正被别人爱着，被别人关心着，困难只是暂时的，自己也是很棒的。从那以后，托妮把这个"自信罐"摆在最醒目的地方，只要遇到压力和困难，就情不自禁地伸手去摸。

10年以后，托妮成为一所知名幼儿园的园长，很多家长都愿意把孩子送到她这家幼儿园，因为她的自信激发了孩子们的自信。从这所幼儿园走出去的孩子，每个人都有一个"自信罐"。

再后来，托妮成为了德克萨斯州的教育部长。

女飞人

一位体育女将成功的要素是：天赋、信心和谦虚。这个成功的秘诀同样适用于其他行业。现实中很多女孩都具备成才的天赋和谦虚的品质，唯独需要培养和强化的是自信。

乔伊娜是美国优秀的女子短跑运动员，被人们称为20世纪“世界第一女飞人”。

乔伊娜出生于美国的圣路易斯，从小喜欢运动，无论是打篮球还是跑步、跳远，她都很在行。从10岁开始，乔伊娜练习跑步，100米和400米的成绩都很好。

在一次训练中，乔伊娜看到教练在辅导一个女孩练跳远，于是，她就自告奋勇地去跳，而且一下就跳出5米多远。教练发现她的弹跳好、爆发力强，有极好的身体素质和运动员的天赋，建议她进行全能运动训练，因为全美国练习全能项目的运动员寥寥无几，这样她才有可能取得突破。教练员的一席话使乔伊娜深受鼓舞，当时只有13岁的乔伊娜毅然决定开始女子全能项目的训练。

尽管乔伊娜显示出惊人的运动天才，但她的妈妈并不希望她成为职业运动员，不愿意女儿像男孩子那样每天跑跑跳跳的。乔伊娜就耐心地劝导妈妈，告诉她自己在田径场上可以学到很多知识和本领，妈妈经不住女儿的劝说，终于同意了她的要求。

加入美国女子田径队以后，乔伊娜一度迷上了篮球，这使得洛杉矶加州大学女子田径队的总教练克西非常紧张。因为他深知乔伊娜在田径全能方面的天才，如果乔伊娜继续热衷于篮球，就会断送了她在田径方面的前程。随后，他找到乔伊娜，与她一起分析了她在各个单项的田径成绩，指出她在速度和弹跳方面无人能比的优势，并一再鼓励她只要经过专业训练，一定会有所作为。

乔伊娜专心地恢复了田径全能项目的训练，在教练的指导下不到一年，乔伊娜的弱项就有了显著提高。1986年7月，在莫斯科友好运动会上，乔伊娜以总分7148分的成绩打破了世界纪录，成为第一个突破7000分大关的女运动员。

4个星期后，乔伊娜又在一次比赛中刷新了她在莫斯科创造的世界纪录，把原世界纪录提高了200多分而引起世界体坛的轰动。由于她对美国田径运动的杰出贡献，美国业余体育联合会授予乔伊娜沙利文奖，这是一项专门奖励优秀运动员的特别大奖。

乔伊娜打破世界纪录后，克西教练在谈到乔伊娜成功的原因时说：“第一她是一位才能出众的运动员；第二她从不固执，不骄傲自大；第三她对自己充满信心。”

从胆小鬼到冒险家

自信是女孩改变自己人生命运的前提。大部分女孩之所以没有实现自己的人生理想，关键的一点是因为她们没有认为自己可以走向成功的自信。当你拥有了自信，你就会发现一个完全不同的自我。

贝荔小时候，比较胆小，凡是可能受伤的体育运动她都一概不敢参加。

在听了关于人体潜能的讲座之后，贝荔对体育运动的看法有了转变，逐渐尝试进行体育运动了，慢慢地，她对体育运动有了新的体验，知道自己事实上是可以参加一些体育运动项目的，只要稍微注意一点就用不着害怕。虽然贝荔是这么想的，可是这些体验还不足以使她形成坚定的信念，以改变她先前不敢参加体育运动的心理。

为了改变自己胆小害怕的心理，贝荔希望参加一些可以锻炼自己胆量的运动项目。因为她知道，胆小鬼的信念束缚了她的手脚，所以，她决心不再把自己想成是一个胆小鬼。但事情并没有这么简单，不可能想改掉胆小的习惯就能如愿。事实上，贝荔的内心在进行激烈地斗争，一方是她那些朋友对她的看法，他们认为她胆小怕事；另一方是她对自己的认定，想急于改变这种状况。这种矛盾的心理使贝荔的心里非常不舒服。

有一次，贝荔的朋友要进行跳伞训练，贝荔也报名参加了，她希望把这个训练当成是改变自己胆小的机会。于是，贝荔加入到了跳伞训练者的行列。

经过了一段时间的跳伞训练，贝荔的胆量大了许多，后来，在一次跳伞训练中，当飞机攀升到1万多英尺的高空时，贝荔望着那些没有跳伞经验的新队友——他们多数人都极力压抑着内心的恐惧，故意装作兴致很高的样子。其实，贝荔知道："他们现在的样子正是过去的我，而此刻我已不属于他们那一类了，今天我可要轻松地表演一番。"

经过这次高空训练，贝荔惊讶地发现她自己刚刚经历了重大的转变，她不再是个胆小鬼，而成为一个敢冒险、有能力的女性。

体操皇后

自信是女孩获得成功的关键。只有自信，才能让女孩拥有坚强、独立的性格，乐观、进取的心态，从而谱写成功和快乐人生。

1998年，艺术体操名将阿丽娜·卡巴耶娃在体坛崭露头角，她先是夺得欧洲锦标赛的冠军，接着又在世界友好运动会上，夺得五块金牌中的四块，几乎横扫所有对手，2000年达到了职业巅峰。

卡巴耶娃接触艺术体操比较晚，然而她对体操表现出来的浓厚兴趣，使她深深地喜欢上了这项运动。但是，她的热情并没有得到其他人的认同，为了满足她的心愿，她的母亲决定带她到莫斯科去找体育方面的权威人士，让体育专家们看一看她的女儿是不是适合练习艺术体操。

1995年，已经12岁的卡巴耶娃跟着妈妈，千里迢迢来到了莫斯科，母女两人口袋里只有85美元。那年4月，天气冷得出奇，为了方便换装，小卡巴耶娃只穿着一件薄薄的牛仔短上衣。妈妈心疼女儿的身体，不顾女儿的反对，一直坚持乘坐出租车。

12岁才开始练体操，的确不是什么明智之举，当时很多专家和教练都不看好卡巴耶娃。其中有人只看了她一眼就断言：“年纪太大，不适合练体操了。”

对此，卡巴耶娃和妈妈并没有放在心上，卡巴耶娃一直没有放弃训练。

很快，卡巴耶娃在体操方面表现出的超人的热情和天资，就被俄罗斯艺术体操国家队总教练伊莉娜·维涅尔发现了。伊莉娜认为她是一棵“好苗子”，就向正处于困顿之中的这对母女伸出了援助之手，还帮助卡巴耶娃的妈妈找了一份工作，使她们能够维持生计。

果然，在以后的体育生涯中，卡巴耶娃没有辜负妈妈和教练的期望，她身轻如燕地在体操场上腾飞跳跃，矫捷的身手令对手感到绝望。卡巴耶娃陆续将5届欧锦赛冠军，3届世锦赛冠军，2000年奥运会铜牌，2004年奥运会冠军等殊荣搬回了家，成了俄罗斯体操界的“大满贯”得主。为此，普京总统在2005年亲自向她颁发了国家奖章，奖励她“对发展体育的杰出贡献，以及2004年雅典奥运会的优异成绩”。

玫琳凯

一个自信的女孩，她身上看不到悲观与消极，浑身充满力量，主动为自己寻找出路，成功与幸福也会与她相伴。

玫琳凯6岁那年，她的父亲患了肺结核，整天躺在床上。从这时开始，小玫琳凯就学会照顾她的父亲了。她母亲在一家餐厅打工，每天工作14个小时。

她的母亲对生活非常乐观，几乎在所有的事情上都鼓励女儿："你能行！"这种乐观自信的心态影响了了玫琳凯的一生。

玫琳凯17岁那年，高中毕业了，却遇上了经济大萧条时期，为了支撑家庭，她开始了销售职业生涯。

最初，玫琳凯销售儿童心理书籍，靠着开朗的性格和善于与人交往的优势，她的销售业绩非常出色。但儿童心理书籍的种类毕竟不多，她就决定寻找一家能提供一系列产品的公司。于是，她辞职来到了直销家用器皿和清洁剂的公司。

在这家公司里，玫琳凯是常胜的销售冠军，并被提升为经理。但这个公司是男人的天下，玫琳凯的建议常常只会遭到他们的嘲笑。就在玫琳凯深感困惑的时候，她的家庭出现了变故，对她打击很大。

在这段日子里，玫琳凯带着三个孩子，尽管十分艰苦，但她还是用常人难以想象的毅力完成了大学学业。

毕业后，玫琳凯为了维持家里的各种开销，找了一份家庭日用品销售的工作。她把自己每周要销售的肥皂数量写在卫生间的镜子上，每天早上起床后，就能看到，以此不断给自己增加工作压力。

11年后，玫琳凯已经积累了丰富的销售经验，她跳槽到了一家礼品公司。由于勤奋与业绩突出，她在公司里赢得了一席之地，并且把公司的销售区扩展到美国的43个州。1963年，公司为她聘请了一位助手，所付年薪却高出她本人的一倍，只是因为她的助手是一位男人。对此，玫琳凯十分生气，一气之下便辞职了。

回到家里，她打算退休后写一本书，指导女性如何在男性统治的商界里生存，忽然产生了一个想法：既然自己有这么多的商业经验，为什么不开一家理想的新型公司呢？她想起曾经接触过的一种护肤品非常有效，便准备开办一家特别的化妆品公司，不仅可以满足顾客的需要，而且还能满足女人们希望有所成就的愿望。

1963年9月13日，玫琳凯化妆品公司成立了。

多年后，美国《福布斯》杂志将她与美国石油大王洛克菲勒、金融大亨摩根、汽车大王福特、软件大王比尔·盖茨等人相提并论。

芭蕾舞蹈家

自信的女孩总是会成功的，自信心是人生重要的精神支柱，是人们行为的内在动力。只要有自信，每个人都可能成为英雄。

一个女孩从小喜欢芭蕾舞，她让父母给她买来了舞鞋，每天在家里总要练习一会儿。渐渐地，她的舞姿越来越美，父母和邻居也夸她学得快、跳得好。她心里萌生了当一名专业芭蕾舞演员的想法，梦想将来成为一名舞蹈家。于是，她决定报考舞蹈学校，希望在那里接受专业培训。在报考前，她想知道自己适不适合跳芭蕾舞，有没有当舞蹈家的天分。恰巧，有一个芭蕾舞团来到她居住的城市演出，这个女孩就拜访了芭蕾舞团的团长。

女孩说："我想成为一名芭蕾舞演员，将来要当舞蹈家，您看我有没有这个天分？"

"那你跳一段舞让我看一看。"团长一边说着一边埋头处理剧务。大约5分钟之后，团长打断了女孩的表演，他摇了摇头说："也许，你没这个条件吧。"

这个女孩伤心地回到家，她随手把舞鞋扔到了垃圾箱，从此再也没有信心跳舞了。后来，她结婚生子，当了宾馆的服务员。

多少年过去了，当年的那个女孩已经成了少妇。有一次，她去看芭蕾舞演出，又碰到当年的那个芭蕾舞团，那位看过她表演的团长也已经步入老年了。她与这位老团长聊起当年的事。她说："有一点我始终没有明白。您当初是怎么知道我没有当舞蹈家的天分呢？"

老团长回想了一下，说道："哦，你跳舞时我几乎没怎么看，我只是对你说了一句话，我对所有来问我的孩子都是这样说的。"

"啊！竟然是这样！真是不可饶恕！"少妇生气地叫道，"您的那句话毁掉了我的梦想。我原本可能成为最出色的芭蕾舞演员，人人羡慕的舞蹈家！"

"我不这么认为。"老团长反驳说，"如果你真的渴望成为一名舞蹈家，你是不会在意我对你说的那句话的。"

少妇无言以对，最后默默地离开了。

黑桃A

自信是可以培养的，只要你处处用心，你也可以成为黑桃A。

莉莎小的时候，家里生活窘迫，后来，她跟随父母从意大利移民到了美国，但他们一家的经济境况始终不见起色。她的童年是在汽车城底特律度过的，几乎每一天都要在饥饿线上挣扎，烦恼和自卑在她的心里留下了深深的阴影。在学校里，她没有勇气举手回答老师的提问，小伙伴们玩游戏从来也不叫她，老师甚至都记不住她的名字。

莉莎的父亲一辈子碌碌无为，有时难免唉声叹气，对小女儿流露出悲观的情绪："认命吧，我们将一事无成。"这个说法让莉莎更加沮丧，她常常为自己未来的前途而担忧，难道自己的未来真的就要像父亲一样，一生都在贫困、烦恼中度过吗?

有一天，莉莎的母亲告诉小女儿："孩子，抬起头来！世界上没有谁跟你一样，你是独一无二的。自己的命运要靠自己掌握。"这句话极大地鼓励了莉莎，她的心里燃起了追求成功的希望。她认定自己就是最好的，没有人能比得上她。于是，她在每天睡觉前，都要对自己大声说："我是最好的！"

由于这种信念和精神力量的支撑，莉莎的学习和生活都发生了巨大的改变，老师和同学都忽然发现，莉莎真的变了。她总是昂着头、带着微笑来到学校；即使遇到麻烦她也不会害羞地低下头去；上课时莉莎也敢于举手发言、回答问题了。同学们不禁疑惑起来："这还是以前的那个莉莎吗？"她究竟得到了什么样的"法宝"，让她显得这么阳光和富有活力?

答案就在于，莉莎的信心被燃烧起来了！

中学毕业后，莉莎第一次去应聘，那家公司的女秘书向她索要名片，但莉莎刚毕业还没有名片，就随手找到一张扑克牌递了上去。女秘书也没有仔细看就收下了，并通知她面试。

在面试中，经理看着莉莎递交的一张黑桃A，心里感到疑惑，他不知道这是什么用意，他以前也从未见到过这样的“名片”，不由得问道：“小姐，你是黑桃A？”

“是的，先生。”莉莎的脸上带着自信的微笑。

“为什么是黑桃A呢？”经理不明白。

“因为A代表第一，而我刚好是第一。”

经理睁大了眼睛，他没有想到一个小女孩竟然如此自信，当即决定给她一个机会。就这样，莉莎被公司录用了。

后来，莉莎依靠自信和勤奋，一年中成功销售出1525辆汽车，创造了吉尼斯世界纪录，果真成了世界第一。

女总理

要记住萤火虫的启迪：只有在振翅的时候，才能发出光芒。

安格拉·默克尔，是德国历史上首位女总理。任职以来，她以大胆果敢、雷厉风行的政治作风，被外界称为欧洲政坛的又一位“铁娘子”。

默克尔小时候是一个胆小的女孩子，走在路上，即使遇见一只小狗都吓得迈不开步，甚至对下楼梯和走下坡路都感觉到害怕。这种怯懦的性格使她养成了沉默寡言的习惯，她不善交际，很少与外人说话，也不爱和老师交流，更别说去参加一些集体活动了。平时，她总是一个人埋头看书，整天抱着本书在角落里读得津津有味。

由于这种性格，默克尔上初中后对体育课很害怕，每当老师让学生跳水或翻杠时，她就非常紧张。那个时候，她的父亲是当地一位有名的神学院院长，他希望女儿能在同龄人中出类拔萃。然而，小默克尔的表现却让父亲有点失望，他就不厌其烦地给女儿讲解，怎样树立勇敢的信心，并不断地鼓励她。父亲还找到她的老师和同学，恳请他们平时在学校多多鼓励她。

有一次，上体育课，老师要求每个同学练习跳水。小默克尔站在3米高跳台上，内心的恐惧又涌了上来，双腿忍不住发抖。她想，如果跳下去摔坏了怎么办啊？她吓得眼泪都流出来了。

站在一旁的父亲对她说："不要害怕，你还没有试，怎么就知道自己不行呢？勇敢地跳下去吧！"

可是，她还是不敢。父亲又鼓励她："相信自己和爸爸吧，你应该和他们一样，你是勇敢的！"在父亲的鼓励下，小默克尔向前迈出了一步，然后闭上眼睛，尖叫一声跳了下去，随即同学们报以热烈的掌声。当时，她很激动，"我竟然也成功了？"

后来，小默克尔的胆子逐渐大了起来，她发现困难其实并没有想象的那么可怕，只要勇敢一搏，任何难题都可以解决的。

第二辑

有一种心态叫阳光

从头再来

人生的道路上不是平坦的，成功者必须经过艰难的跋涉，才能到达目的地。面对艰难险阻，只有乐观的人才会重新树立目标，迈向新的征程。

莱妮出生在一个商人家庭，从小就梦想长大了当一名演员。因为天生丽质，加上出色的演技，20岁的时候，她就成为一位著名演员。

正当莱妮的事业蒸蒸日上的时候，她被牵扯进政治漩涡中，被迫离开了舞台。一晃十几年过去了，她想重新回到自己喜爱和熟悉的演艺圈，但事实上这已经不可能了。尽管她演技出众，但由于她履历上的污点，主流电影媒体对她敬而远之，大好的青春年华就这样付诸东流了。年近半百，莱妮仍然独来独往，形单影只。

莱妮并不甘心这样走完她的人生，她决定换一种生活方式，重新开始自己的事业。经过考虑她做了一个大胆地决定：只身深入非洲原始部落，采写、拍摄独家新闻。在此后的两年间，莱妮克服了重重困难，顶住了心理和生理上的巨大压力，拍摄了大量的努巴人的生活影集，这些照片为她在摄影界赢得了一席之地。

莱妮的奋斗精神和曲折经历深深吸引了她的一位同行，共同的兴趣和爱好让他们超越了年龄的隔阂。此后，他们一起深入非洲部落和大西洋海底世界探险、拍摄。

为了使自己的拍摄才华与神秘的海底世界融为一体，莱妮又学会了潜水。随后，她的作品中增添了瑰丽的海洋记录，这段海底拍摄生涯一直延伸到她百岁高龄。后来，莱妮以一部长达45分钟的精湛短片《水下世界》创造了纪录的一个里程碑，也为自己的艺术生命画上了一个圆满的句号，因此她被美国《时代周刊》评为20世纪最具有影响的100位艺术家之一。

心情如花

心态好的人几乎都是乐观的人，自信、乐观的女孩总是面带微笑。乐观是女孩身上的无价之宝，比任何东西都珍贵。

一家花店招聘一位售花小姐，广告发出后，前来应聘的人不少。经过面试，经理决定留下三位女青年，让她们每人在花店里实习3天，看一看她们谁更适合。

这三个女青年，一个是曾经在花店学过插花，一个是刚从职业学校毕业，另一个是下岗女工。

学过插花的女孩，听见经理让她们实习，心中窃喜。毕竟她在花店待过，轻车熟路。实习开始后，看见顾客进了店里，她就不停地介绍各种花的寓意、分别适合送给什么人以及一些养花知识，不少顾客在女孩的推荐下，买了一束或几枝。几乎每一个人进了花店，都不会空着手离去。3天下来，销售业绩不错。

接下来，那位职业学校毕业生开始实习，她把在学校学到的专业知识用于经营中。因为她在学校上过插花课，做出来的插花造型别致，顾客都比较满意。此外，她懂得简单的成本核算，善于用心琢磨，在销售中知道哪种花可以卖高价，哪种花可以贱卖。实习了3天，也有不错的业绩。

该轮到那位下岗女工了。因为她以前没有做过这一行，起初，她在花店里有点放不开手脚，但她对每一位顾客都是热情周到，无论顾客买不买花，总是面带微笑。这3天的销售业绩没有超过第一个女孩，与第二个女孩相差无几。

经过一番考察，经理出人意料地决定聘用那位下岗女工，其他员工感到不解，不明白为何放弃曾在花店做过插花的女孩，偏偏选中一个新手？

经理解释说："用花艺挣钱是有限的，而用如花般的心情挣钱才是无限的。因为花艺可以慢慢学，好心情是学不来的。"

天上的星星

生活就像一面镜子，你笑，山谷就为你歌唱；你哭，河流就为你流泪。你要懂得笑对生活。

在美国，有一位叫塞尔玛的女士，她的丈夫是一名职业军人，她是随军的家属。她没想到，她的丈夫所在的部队驻扎在沙漠地带，住的是铁皮房，她与周围的印第安人语言不通；当地的气温很高，在仙人掌的阴影下都高达华氏125度。更糟的是，她的丈夫将奉命远征，这里只留下她孤身一人。因此她整天愁眉不展，度日如年。

无奈中，塞尔玛想到了给父母写信，希望父母让她回家去。

父母的回信终于到了，塞尔玛拆开一看，大失所望。父母既没有安慰她，也没有说叫她赶快回去。在这封信里，也只有短短的两行字：

"两个人从监狱的铁窗往外看，一个看到的是地上的泥土，另一个却看到的是天上的星星。"

塞尔玛看了信，心里有些生气，她不明白为什么父母会这样给她回信呢？尽管如此，这几行字还是引起了她的兴趣，毕竟那是远在故乡的父母对女儿的一份牵挂。

过了一会儿，塞尔玛终于明白了，原来这短短的几行字里，她发现了自己的症结所在，她习惯性地低头看，结果只看到了泥土。如果抬头看，不就能看到天上的星星了吗？我们生活中，不只是泥土，一定会有星星！为什么不抬头去寻找星星，欣赏星星，享受星光灿烂的美好世界呢？

塞尔玛这么想，紧皱的眉头一下子舒展了开来，她也开始这么做了。

随后，她开始主动和当地的印第安人交朋友，结果使她十分惊喜，因为她发现，他们十分热情、好客，慢慢地，他们都成了她的朋友，还送给她许多珍贵的陶器和纺织品作礼物。

与此同时，塞尔玛喜欢上了沙漠里的植物，就开始研究仙人掌。她没有想到，仙人掌也是千姿百态，令人沉醉着迷；沙漠的日落日出、海市蜃楼，许多原先觉得普通的景物，在她眼里变得有欣赏价值了。她享受着新生活给她带来的一切。

慢慢地，塞尔玛找到了星星，真的感受到星空的灿烂。她发现生活一切都变了，变得使她每天仿佛置身于欢笑之间。

后来，她回到美国后，根据自己的这一段真实的心路历程写出《快乐的城堡》，引起了很大轰动。

快乐其实很简单

开朗的性格是成功的灵魂。容易与人相处、令人愉快的性格，常常能让周围的人感觉亲切、热心和爽快。性格好的人，人缘好，命运也会好。

席慕蓉十六七岁的时候，很羡慕那些文静的女生，她觉得自己各方面都表现得很浮躁，不像个女孩子。

二十多岁的时候，席慕蓉想把自己训练成一个端庄文静的淑女。

有一次，席慕蓉去参加一个聚会，她到那里的时候聚会还没有开始，便一个人坐在附近的阅览室里看报纸。

这时，一个男生走了进来，向席慕蓉道了一声“好”，她微笑着轻声回答：“你好！”那个男生怔了一下，就出去了。

过了一会儿，又进来一个男生，兴高采烈地向席慕蓉打招呼，她也仍然用文雅的姿势向他道了声“好”，这个男生在她身边站了一会儿，也出去了。

第三个男生进来了，他遇到同样的情形，很快也离开了。

席慕蓉仍然在看报纸，内心却庆幸自我改造的第一个回合已经成功了。

这时，那三个男生却一起进来了，看了她半天，然后问道：“席慕蓉，你是不是生病了？”

原来，这三个男生觉得席慕蓉今天不对劲儿，在门外议论了半天，就一起进来问她。

席慕蓉觉得他们一点也不了解自己，生气地站起来大声说：“我准备以后就要以这样的态度来过我的日子，实现自我改造的理想。”

话音刚落，三个男生竟然哈哈大笑起来。他们对席慕蓉说：“我们喜欢你就是因为你爱说、爱笑，跟你在一起我们都觉得快乐，因为你有一种快乐的本性，可以影响你周围的人。你如果一定要改变，要做作，这会让人觉得很可惜的。”

席慕蓉这才恍然大悟，原来爱说爱笑也是一种美，生活原来可以有很多不同的方式。从那天开始，席慕蓉心里变得坦然了。

发现快乐

掌握知识可以使女孩明辨世事，丰富自己的内涵，提升自己的人生价值，使自己的生活变得更有意义。

芭芭拉·麦克林托克是一位女科学家。她出生于美国康涅狄格州的哈特福德。

小时候，一天，正在默默思考的小芭芭拉突然看见母亲端了满满一盘草莓从她面前经过。禁不住食物诱惑的芭芭拉跟着母亲进了厨房。

母亲把草莓洗干净后，取了一块洁净的纱布将一部分草莓包了起来。用手使劲一挤，红红的草莓汁从她的手指间流了出来。一直在旁边等着吃的小芭芭拉看到这种景象，突然大叫："妈妈，我知道血是从什么地方来的了。"

母亲愣了一下，随即大笑起来。虽然芭芭拉的发现是错的，但母亲还是非常高兴地夸奖了她，并向爸爸报喜。

父母对芭芭拉成长过程中涌现出来的智慧火花给予了最细心的呵护，就连芭芭拉不想上学了，他们也支持。父亲还明确地告诉老师不得向他的孩子布置家庭作业。因为一天6小时在学校就已经够多了，应该多让孩子到大自然中去玩。

父母希望孩子学到的是学习方法，提高素质，而不是背过了多少知识。因此，当其他学生都在按部就班地接受老师和课本上的现成知识的时候，芭芭拉却请求老师让她自己去寻找答案。

享受到思考乐趣的芭芭拉喜不自禁地说："那真是一种快乐啊，整个寻找答案的过程都充满了快乐。”

1941年6月，麦克林托克进入美国纽约长岛的冷泉港实验室，正式开始了她的遗传学研究。由于与传统的遗传学观念背道而驰，人们用怀疑、惊讶的异样目光看待她的研究成果。然而，科学理论毕竟是科学理论。分子生物学和分子遗传学的进一步发展，科学家们在细菌、真菌乃至其他高等动植物中都逐渐发现了许多与麦克林托克转座因子相同或相似的现象。

1983年，瑞典皇家科学院诺贝尔奖金评定委员会终于把该年度的生理学和医学奖授予这位81岁高龄的、不屈不挠的女科学家。她是在遗传学研究领域第一位独立获得诺贝尔奖的女科学家。

追求完美

理想是人生的指路明灯，没有理想，人就没有明确的奋斗方向。女孩对理想的不懈追求可以使生活更加完美。希望你朝着你梦想的方向前进吧！

罗宾是一位非常成功的金融家，她在加拿大温哥华的一家主要金融机构担任要职。她有两个孩子和一个温暖的家庭。但她总感觉自己好像失去了什么，生活并不是很完美。

当罗宾16岁第一次上舞蹈课时，她就满怀激情地想要成为一名舞蹈家，虽然她不时地学习舞蹈，做一些半专业化的表演，但她始终没有显示出在舞蹈方面要想成功所必备的才能，而在商务方面她却显得轻车熟路。可是，她从没有放弃在一个完整的舞剧中进行创作和表演的梦想，尽管她总是说服自己是因为没有时间、能力、创造力和资金来使这件事成功。

有一次，罗宾无意中从卫生间的镜子里看到了令她吃惊的一幕：自己仅有32岁，但是看上去却像个老妇人，也许再也不能在舞台上跳舞了，心中回味着不能实现自己梦想的一生。就在那时，她下定决心去练习舞蹈，搞一次表演，即使人们笑话她——一个人在空荡荡的剧场里跳舞，她也要将这个梦想变成现实。当天，她跳上了一辆出租车，怀着不可动摇的决心返回舞蹈练习中心。

罗宾下定决心后没过几天，一个朋友给她看了一篇有关安德韦·梅伊斯的报道。安德韦是一个来自洛杉矶的舞蹈动作设计师和表演家，他将开班教课。罗宾犹豫了一下，但还是鼓起勇气给他打了电话。随后，他们见了面，而且一拍即合，接下来的事情就是他们共同努力实现她的梦想。

在他们的业余时间，罗宾和安德韦共同编写了剧本《不要打破玻璃》，这是关于一位妇女在舞台上和生活中步步妥协的音乐喜剧。他们编排了每个舞蹈段落，自己担任主角，并安排了许多演员和舞蹈家扮演其他的角色。在罗宾与安德韦会面后的第7个月，《不要打破玻璃》音乐剧在温哥华的首演便取得了成功。

如今，在办公室和舞台上，罗宾继续着自己的两个职业。一方面，她作为自己公司的总裁，她是一位深受欢迎的企业顾问和发言人。另一方面，她仍然找出时间创作、演出了四部舞剧，获得如潮的好评，是一个音乐剧"发烧友"。

幻想的翅膀

读书是智慧的来源。智慧可以帮助人们走出迷惘，引领人们去探索自然的奥秘。今天的幻想，就是明天的现实。

玛德利诺是一位爱幻想的女孩，童年的幻想激发了她读书的兴趣和动力。3岁那年，她就能记住所看过图书里的内容；5岁的时候，就会计算100以内的加减法。每天下午，她经常一个人沉浸在奇妙的数学世界里，不声不响地反复计算一些加减题。

小玛德利诺初进幼儿园的时候，感觉那里很单调，没有吸引她的地方。不久，老师教她认字读书，她一下子兴奋了起来，读书的劲头儿更足了。慢慢地，小玛德利诺经常沉浸在书本里，知识为她插上了幻想的翅膀，也激发了她的好奇心。

有一次，母亲让女儿倒垃圾。小玛德利诺走出房间，呆呆地望着天空，最后竟然忘记倒掉垃圾又带了回来。因为飘动的云朵和灵巧的飞鸟吸引了她的注意力，她幻想着自己踩在鲜花丛中，云彩般地飘到霞光里，风儿围着她翩翩起舞……

随着从书里获得的知识越来越多，小玛德利诺探索天空奥秘的兴趣更大了，她经常出神地望着蓝蓝的天空，常常是母亲大声叫她吃饭了，她才从回过神来。

有一天，小玛德利诺兴奋地说："妈妈，我想到天上去玩一玩，看一看，看那里到底与我想象的是不是一个样！"因为她的脑海里时常有这样一幅景象：在高阔辽远的天空之外，还有另一个奇异的世界，那里的人们组建了一个欢乐的大家庭，每一个人的头上都闪烁着一颗星星。春天，人们用花朵盖房子；夏天，人们在天河里戏水；秋天，人们坐秋风旅行；冬天，人们用雪花做棉衣……

玛德利诺怀着对天空的无限幻想和探索宇宙奥秘的极大兴趣，多年以后，成为一位著名的天文学家。

立即行动

你现在就付诸行动，立刻行动。从今往后，你要一遍又一遍，每时每刻重复这句话，直到成为习惯，好比呼吸一般，成为本能，好比眨眼一样。

琪娜·安东尼是美国纽约百老汇中著名的演员之一。她曾在美国著名的脱口秀节目《快乐说》中讲述过她的成功之路。

几年前，琪娜是大学艺术团的一名歌剧演员。在一次校际演讲比赛中，她向人们展示了一个她当初的梦想："大学毕业后，我要先去欧洲旅游一年，然后努力成为纽约百老汇的一名优秀演员。"

当天下午，琪娜的心理学老师直接问她："你今天去百老汇跟毕业后去有什么区别？"琪娜仔细一想："是呀，大学生活并不能帮我争取到百老汇的工作机会。"于是，她决定一年以后就去闯百老汇。

这时，老师又冷不丁地问她："你现在去跟一年以后去有什么不同？"

琪娜想了一会儿对老师说，她决定下学期就出发。

老师紧追不舍地问她："你下学期去跟今天去有什么不一样吗？"

琪娜有些"晕"了，想一想那个金碧辉煌的舞台和那双萦绕睡梦的红舞鞋……她终于决定下个月就前往百老汇。

老师继续追问："一个月以后去，跟今天去有什么不同？"

琪娜激动不已，她情不自禁地说："好，给我一个星期的时间准备一下，我就出发。"

老师仍然步步紧逼："所有的生活用品在百老汇都能买到，你一个星期以后去和今天去有什么差别？”

琪娜双眼盈泪：“好，我明天就去。”

老师赞许地点了点头，说：“我已经帮你订了明天的机票。”

第二天，琪娜就飞赴百老汇。当时，百老汇的制片人正在酝酿一部经典剧目。几百名各国艺术家前来应征主角。当时的应聘步骤是，先海选出10名候选人，然后让他们每人按剧本的要求表演一段念白。琪娜到了纽约后，想办法从一个化妆师手里要到了将要排演的剧本。在此后的两天中，她闭门练排练。

正式面试那天，琪娜是第48个出场，当制片人要她说一说自己的表演经历时，琪娜笑着问：“我可以给您表演一段原来在学校排演的剧目吗？就一分钟的时间。”制片人表示同意。当制片人听到琪娜表演的竟然是将要排演的剧本里的对白时，而且他面前的这个姑娘感情如此真挚，表演如此惟妙惟肖，他惊呆了！当即宣布结束面试，主角非琪娜莫属。

就这样。琪娜来到纽约的第一天就顺利地进入了百老汇，穿上了她人生的第一双红舞鞋，为她后来的成功铺平了道路。

1美元话费

希望是生命的灵魂，是心灵的灯塔，是成功的向导。当你对自己的事业和前途满怀希望时，就会焕发出青春的活力，并且能够发挥自己的聪明才智，去追求自己的人生目标。

丹妮是一位刚走出大学校门的女生，有一天，她来到一家大公司应聘企划部门经理职务，因为她没有工作经验，负责公司的招聘人员原本不打算通知她参加面试。但是，由于丹妮一再坚持给她一次参加面试的机会，负责招聘的人员就答应了她的请求。

在面试那天，经过一番交谈，人事部经理对丹妮颇有好感，感觉她的知识和能力可以胜任企划部门经理职务。不过，丹妮是刚毕业的大学生，唯一的实践经验是在学校期间，曾经帮助一家企业策划过一个营销案例。因为他们公司从来没有招聘过刚出校门的女生做部门经理。所以，人事部经理只好敷衍说："今天就到这里，如有消息我会打电话通知你。"

丹妮从座位上站起来，向人事部经理点了点头，随即从口袋里掏出1美元递给他："不管是否录取，请您都给我打个电话。"

人事部经理从未见过这种情况，一下子不知道该怎么办。不过，他很快回过神来，问道："你怎么知道我不会给没有录用的求职者打电话？"

"您刚才说有消息就通知，言下之意就是没有被录取就不通知了。"

人事部经理对眼前的这位求职者产生了浓厚的兴趣，问丹妮："如果你没有被录用，如果我打电话通知你，你想知道些什么呢？"

"请告诉我，我在什么地方不能达到公司的要求，在哪方面还需要改进。"

"那1美元……"

没等人事部经理说完，丹妮微笑着解释说道："给没有被录用的求职者打电话不属于公司的正常开支，所以由我来付电话费，请您一定打电话通知我。"

"请你收回这1美元吧。我用不着打电话了，我现在就正式通知你，你被录用了。"

就这样，丹妮用1美元敲开了机遇的大门。

梦想成真

如果你每天都坚持自己的梦想，它们就成了你精神活动的一部分，更重要的是，它们渗入你的心灵。那是个神秘的世界，永不静止，创造梦境，在不知不觉中影响你的行为。

玛丽蕾高二时，就已经是美国弗吉尼亚州最出色的体操选手了，但是谁也没有想到，几年后她会成为世界上最优秀的体操选手。

14岁那年，玛丽蕾到内华达州雷诺市参加了一场体操比赛。

就在那一天，指导过奥运体操金牌得主纳迪雅的罗马尼亚籍教练贝拉·卡罗里主动找到了她。后来，玛丽蕾回忆道："他是体操界的国王，居然会来找我。他拍着我的肩膀，对我说，'玛丽蕾，你来找我，我能把你培养成奥运冠军。'"

玛丽蕾听了这句话，当时脑海里闪过的念头是："哪有可能！"然而，对玛丽蕾来说，参加奥运会比赛这个目标就如同刻在磐石上一样坚定。

在内华达州体操比赛中，贝拉一直在注意她。于是，他们坐下来开始谈话。后来，他又跟她的父母谈话，并对他们说："我不能保证玛丽蕾能进入体操代表队，但是我知道她是块好材料。'"

玛丽蕾从小就梦想有一天能参加奥运会比赛，但是这一次，却是由一位体操界重量级人物说出了她的梦想。而且，她也没有想到，去实现这个梦想的行动竟然来得这么突然。

这位权威教练居然愿意训练她这个名不见经传的选手，这让玛丽蕾有点惶恐，她既兴奋，又不知道未来的结果会是什么，但她还是决定跟随他去训练。

随后，玛丽蕾离开了亲人与朋友，住在素昧平生的人家中，与一些陌生女孩一起接受训练。

当然，玛丽蕾绝不能让贝拉教练失望。从那一刻起，玛丽蕾就把参加奥运比赛并能取得优秀成绩当做她全力以赴要达到的目标。

最终，玛丽蕾如愿以偿，实现了儿时的梦想。

追　梦

有梦想就有前进的动力。做一个上进的女孩子，不断朝自己的目标奋进，你就有可能实现自己的梦想；自甘堕落，不付出一点努力，当然也就不会有所成就。

在20世纪50年代初期，在美国南加州一个小城镇上，一个10岁的小女孩抱着几本书来到图书馆的柜台前。当图书管理员在为这小女孩所借的一本书盖戳时，小女孩看见了新书展台上放着女作家赛珍珠的一本新书，就对管理员说："我长大以后，也要当一个作家。我也要写书！"

管理员微笑着鼓励她说："如果你真的写了书，请把它带到我们图书馆来，我也会把它放在新书柜台展示的。"

小女孩承诺说："我一定会的！"

这个小女孩在九年级时，有了第一份工作——撰写简短的个人档案，每写一份档案，地方报社会给她1.5美元。但这个报酬的吸引力远比不上让她的文字出现在报纸上。

她上高中时，负责编辑校内报纸。

后来，这个女孩结婚了，有了自己的家庭，而写作的火焰仍然在内心深处燃烧。她有了一份兼职工作——为一所学校编辑周报。

过了几年，她又到一家大报社工作，开始尝试编辑杂志，但还是没有开始写作。

又过了几年，她相信自己有话要说，开始了创作。她把作品投递给两家出版商过目，但都遭到拒绝。于是，她悲伤地把书稿丢在一旁。

又过了几年，她写完了另外一本书，并把先前藏起来的那本书稿也拿了出来，结果两本书很快都找到了出版商。

出书的速度比报纸慢得多，她又等了两年。有一天，她的新书终于邮寄来了，她打开一看，泪水无声地落了下来，等了这么久，她的梦想终于实现了！

然而，这个女作家没有忘记她对图书馆管理员的承诺。她在高中毕业后30年校庆时回到小镇，站在母校图书馆海报栏前，她看见海报上写着："欢迎你归来，姜·米歇尔！"

快乐不在于身高

外表只是人的一个部分，好看的身材和美丽的容颜都是短暂的。随着青春的流逝，再漂亮的外表也会丧失往昔的光彩而变得寻常。在我们所拥有的一切中，唯一永恒不变的只有自信。拥有自信的女孩才能永葆美丽。

女孩子爱玛身高不足1．6米，体重却达到了66公斤，这在追捧窈窕淑女的法国就算不上好身材。

有一次，爱玛在校园里参加一个舞会，这对初次涉足舞会的女孩子来说，意味着那是一个美妙而光彩夺目的场合。爱玛担心自己身材不佳，在舞场缺乏吸引力，而没有男生愿意与她跳舞，于是，专门买来了当时非常时髦的假钻石耳环，她甚至在练交谊舞的时候也佩戴着它，以致戴耳环的耳朵疼痛难忍，不得不贴上膏药。

舞会开始了，没有一个男生走过来邀请爱玛跳舞。她心想："竟然没有男生邀请跳舞。真扫兴！"于是，她就在那里坐了几个小时，直到舞会散场。回到家里后，爱玛告诉父母亲，自己玩得非常痛快，跳舞跳得脚都疼了。他们听到女儿在舞会上的表现很出众都十分高兴。爱玛走进自己的卧室，撕下了贴在耳朵上的膏药，躲在被子里伤心地哭了起来。她夜里总是想象着，那些男生回到自己家里，正在告诉他们的家长："没有一个人邀请爱玛跳舞。"

第二天，班上的一个男生问爱玛："昨晚的舞会上，你身体不舒服吧，现在好了吧？"

爱玛回答："身体没有不舒服啊！"

男生接着说："想跳舞的女孩子都站在灯光明亮的地方，唯独你坐在光线阴暗的角落里，我们男生都以为你身体不舒服，所以就没有邀请你跳舞！"

"啊！原来是这样！"爱玛惊呼道。她明白了，男生并没有在意她的身材矮，她在自己的耳朵上花费的心思也没有起任何作用，因为从来就没有男生注意她的耳饰。从此，爱玛再也没有因为以貌取人的社会陋习而烦恼，过得自信而快乐。

多举手

习惯是沙，成功是塔。多举手其实是一种增强信心的表现，以养成积极进取的心态和习惯，这样会让女孩受用一生。

在开学的第一天，一位家长送女儿到学校门口，在女儿进校门之前，他告诉女儿说："在学校里要多举手，想上厕所的时候要举手，老师提问的时候要举手，遇到问题的时候要举手……只要有话要说的时候就要举手，多举手特别重要。"

小女孩在学校里遵照父亲的叮咛，在想上厕所的时候她举手，老师提问的时候，她总是力争第一个举手。不论老师所问的她是否完全理解，也不管她是否能够完全答对老师的问题，她总是积极举手。

时间长了，老师对这个爱举手的小女孩，自然而然是印象最深。不论她举手发言，还是回答问题，老师总是让她先说。

久而久之，小女孩养成了爱举手发言的习惯。这个习惯竟然使她在学习成绩上比其他同学优秀。在心理健康和其他许多方面，她都超越了班级里不爱举手的同学。

象棋比赛

无论做什么事，必须充分保持自信。只有自信才可能有期望的果实，如果没有自信，连本来有的潜力也发挥不出来，就只有走向失败。

有一次，学校举行国际象棋比赛，一位女孩满怀着夺冠的希望也报了名。

比赛前，女孩看了赛程表发现，第一场的对手曾经赢过自己，就有些沮丧。

“这一次，可能连预赛出线的机会也没有了。”女孩有点悲观。

妈妈看见女儿如此绝望，就对女儿说：“你想不想赢对手呢？”

“当然想呀，不过她上次赢了我，我的实力比不过她。”女孩还是有些信心不足。

“我有一个秘诀，如果你照着我的话去做，你就能赢她。”妈妈很自信。

“妈妈，那您快点告诉我吧！”女孩催促她妈妈。

妈妈认真地说：“你现在闭上眼睛，回想以前你下棋时最精彩的一幕，把那个过程仔细回忆一遍，再回味一下胜利的喜悦。”

女儿照着妈妈的话做了，脸上的沮丧不见了，换来的是满脸自信、轻松的表情。从此，女儿便天天照这个方法调整自己的心态。

正式比赛开始了。女孩上场了。她果然赢了对手。

比赛结束之后，女儿兴奋地对妈妈说：“起初，听到这个方法还有些怀疑，没想到这么有效！”

妈妈说：“是你获胜的心态帮了你自己，这个方法只是帮你找回了那种心态而已。”

明星褒曼

自信的女孩只要自然地展示出自我，便有一种征服人的魅力。因此，女孩们请自信一点，当你相信自己时，你的一举一动都是美的。

褒曼18岁那年，梦想当一名演员。她的叔叔是她的监护人，叔叔让她当一名售货员或者秘书。两个人为此争执不下，叔叔便答应给她一次考戏剧学校的机会，如果考不上就必须服从他的安排。

为了能够考上戏剧学校，褒曼费了一番心思，精心准备了一个小品。在考试前，她给这个戏剧学校寄去了一个棕色信封，如果她落选了，就让学校把棕色信封退回来；如果她通过了，学校就给她寄来一个白色信封，告诉她下次考试的日期。

初试的时候，轮到褒曼表演小品。她从后台跑两步往空中一跳，站到了舞台中央，欢笑着念出第一句台词。这时，她往评判员的席位瞥了一眼，惊讶地发现评判员正在议论，还用手比划着什么。

看到这个情景，褒曼非常沮丧，连台词也忘掉了。这时，她只听到评判团主席说：“停止吧！小姐，谢谢你！下一个请开始。”

褒曼听到这一句话感觉自己肯定不会通过初试，就匆匆离开了舞台。好像什么也没有看见，什么也听不见了，她美好的希望破灭了，唯一想做的一件事就是去投河自尽。

站在河边，褒曼看到河水黑糊糊的，上面漂浮着肮脏的油污。她可不想让别人把她拖上岸的时候，身上会沾满脏东西。于是她犹豫了，自言自语道：“唔！这样不行。”随即放弃了投河念头回家了。

第二天，瑞典皇家戏剧学校给她送去了白信封。她拿着参加复试的白信封激动地跳了起来。

多年后，已成为明星的褒曼碰见了那位评判员。闲聊之际她问道：“请告诉我，为什么在初试时，你们对我那么不好？我差点因此去投河了。”

“不喜欢你？”那位评判员瞪大眼睛望着她，“亲爱的姑娘，你真是疯了！就在你从舞台侧翼跳出来，来到舞台上，站在那儿冲着我们笑的那一瞬间，我们就彼此互相说着：‘好了，她被选中了，看看她是多么自信！看看她的台风！我们不需要再浪费一秒钟了，还有十几人要测试呢！叫下一个吧！’”

火灾之后

苦难可以摧残人的身体，但摧不垮人的坚强信念和顽强的意志。战胜意外伤害和自然灾难的关键，就在于重拾信心，勇敢地面对现实，毅然走出困境，继续自己的事业和生活。

安娜·奎罗特曾经是活跃在T台上的著名模特，更是古巴家喻户晓的田径女英雄。在1989年赛季中，奎罗特保持了女子800米决赛中39次连胜的罕见纪录，并被国际田联评为当年世界最佳女选手。1991年夏天，在哈瓦那举行的泛美运动会上，奎罗特一连打破了女子400米和女子800米的大会纪录。她的胜利使古巴第一次在大型运动会的金牌榜上超过了美国。为此，古巴人民欢欣鼓舞。

上天几乎赐予了安娜·奎罗特所有的幸运：美貌，才华，天赋。然而，灾难不知不觉地降临了。1993年1月23日的晚上，奎罗特家厨房里的煤油灶突然爆炸，大火一下子烧着了她的全身，她的脸部、胸前、腹部被烧伤，受伤的面积超过全身的三分之一。

受伤后第一次照镜子时，奎罗特被自己吓得大叫。昔日的美丽已经变成了令人恐怖的伤痕累累。然而，毁容和随后遇到的丧子、失恋，以及各种流言，这一切都没有把奎罗特击垮。

当教练希威尔来医院看望奎罗特时，奎罗特冲他轻轻地拍着大腿，表示她的双腿依然完好无损。此时，奎罗特已经重拾了信心，准备再回跑道。

1993年5月13日，在奎罗特烧伤不到4个月的一个清晨，她解开脖子上的托架，拆掉手臂上的绷带，重返跑道。尽管新长出的皮肤奇痒难忍，烧伤的手臂异常疼痛。但她兴奋无比，她又能跑了！同年11月，在波多黎各举办的中美及加勒比海地区运动会上，这是奎罗特伤后参加的第一场比赛。脖子和手臂上还有焦疤的奎罗特，以2分5秒22的成绩赢得了女子800米比赛的银牌。

1995年8月13日，在哥德堡世界田径锦标赛上，奎罗特站在了世界强手云集的800米赛场上，在距终点100米的直道上，奎罗特富有弹性的步伐突然加快，在一片惊呼中，首先撞线。“1分56秒11”，冠军！这是1995年世界最好的成绩！许多人在哭，许多人在欢呼。人们在大屏幕上看到了奎罗特布满伤痕的脸部特写，人们疯狂地为她鼓掌。

1996年奎罗特出现在亚特兰大奥运会的赛场上，没有人指望她能够取得惊人的成绩，她只要出现在跑道上就已经是一个生命的奇迹了。但是，奎罗特却把这个奇迹变成奥林匹克的辉煌。她获得了女子800米的银牌，当她在跑道上奔跑时，数万观众被她超人的毅力所打动，给予她的掌声和欢呼声经久不息。

等待不如争取

自信的女孩不会等待机遇的出现，而会自己主动去创造条件，并始终如一地坚持自己的理想和信念。有理想的女孩是最漂亮的，而自信帮助女孩实现理想。

有两个女孩是中学同学，一个名叫凯莉，一个名叫海伦。她们都希望将来成为电视节目主持人。

凯莉出生在一个条件优越的知识分子家庭，父亲从事科学研究，母亲是大学教授。家庭给她提供了可以满足个人发展的经济条件，父母对她的前途也很关心，她完全有机会实现自己的理想。她也坚信，她自己拥有做一名电视节目主持人的才能，因为她觉得，在与他人相处的时候，大家都愿意和她交谈，并说出自己内心的真实想法。于是，她时常对别人说："只要有人给我一次机会，让我上电视，我相信自己准能成功。"大学毕业以后，她等待了一年多的时间，可是，一直没有人给她提供这样的机会。渐渐地，她变得焦虑、苦闷，失去了耐心，对成为主持人不再抱希望了，最后，她改行经营保险业务。

海伦出生在工人家庭，经济条件较差，父母整天都在为生计奔波，无暇关照海伦的学习和理想。为了减轻家庭的经济负担，海伦白天在商店打工，晚上到加州大学洛杉矶分校上课。毕业以后，海伦不想等待下去，为了找到一份与主持人相关的工作，她跑遍了洛杉矶市的各家广播电台和电视台，但得到的答复都令她失望："我们只雇佣有工作经验的人。"

"可是，这个要求多么不合理啊！不给年轻人机会，他们怎么能获得经验呢？”每当遭到对方的拒绝，海伦总要与对方争辩一番。虽然，海伦遭受到了多次的婉言拒绝，但她始终在为自己争取机会，经常阅读广播电视期刊，关注着行业的招聘信息。

有一天，海伦发现了一条招聘广告，是一家新成立的小电视台招聘一名天气预报员。这家电视台位于洛杉矶附近的一座小城市里，距离洛杉矶还有一段不近的路程，海伦还是抱着希望前去应聘了。幸运的是，她当即就被录用了。

海伦在这家小电视台工作了两年，积累了许多工作经验。当她再次回到洛杉矶电视台应聘的时候，轻而易举就找到了一个职位。又经过了两年的历练，海伦终于成为著名的电视节目主持人。

乐观人生

乐观是希望的明灯，它指引着人们从危险的峡谷中迈向坦途。当你以乐观地态度面对生活中的种种不幸时，你会从中发现有意义的事情，获得心灵的欢愉。

《我希望能看见》一书的作者贝琪是一个几乎瞎了半个世纪之久的女人，她在书中写道：“我只有一只眼睛，眼帘上还有疤痕，只能透过眼睛左边的一个小洞去看东西。看书的时候必须书本放到眼跟前，另一只眼睛尽量往左边斜过去。”

尽管贝琪这样不幸，但她仍然拒绝接受别人的怜悯，更不愿意别人觉得她异于常人。

小时候，贝琪想和其他小孩子一起玩跳房子的游戏，但是，她看不见小伙伴们在地上所画的线条，但这也难不倒小贝琪。在小伙伴都回家以后，她就趴在地上，在小伙伴画的线条上瞄来瞄去。一会工夫，她就把小伙伴所玩的那块地方的每一条线牢记于心了，没有几天，她就可以熟练地玩这个游戏了。

贝琪读书期间，每天在家里看书，都要把印着大字的书靠近她的面前，近到眼睫毛几乎要碰到书本上。就是在这样艰难的情况下，贝琪仍然乐观上进，先是在明尼苏达州州立大学得到学士学位，后又在哥伦比亚大学得到硕士学位。

贝琪毕业后，开始了教书的生涯，起初，她在明尼苏达州的一个小村里担任教师工作。后来，她逐渐成为奥格塔那学院的新闻学和文学教授。她在大学任教期间，曾在许多妇女俱乐部发表演说，并在电台主持《读书节目》。

许多听众对贝琪非常敬佩，想了解贝琪是如何看待生活的，贝琪回答说："在我的脑海深处，常常怀着一种怕完全失明的恐惧，为了克服这种恐惧，我对生活采取了一种很快活又近乎嬉戏的态度。"事实上，贝琪善于从琐碎的生活中发现美好的一面，即使是在厨房水槽前洗碟子，也让她觉得非常开心。她在《我希望能看见》中写道："我开始玩洗碗盆里的肥皂沫，我把手伸进去，抓起一大把肥皂泡沫，我把它们迎着光举起来。在每一个肥皂泡沫里，我都能看到一道小小的彩虹闪出来的明亮色彩。"

幸运的是，在贝琪52岁的时候，一个奇迹发生了。她在一家诊所做了一个手术，使她的视力比以前提高了40倍。一个全新的、令人兴奋的世界展现在贝琪的眼前，她内心的激动真是难以用语言来形容了。

苏珊大妈

车到山前必有路，船到桥头自然直。遇到不顺心的事情并不可怕，只要调整好心态，控制好情绪，接下来就是：峰回路转，柳暗花明。

在一个小镇上，年过半百的苏珊大妈在一家药店里当导购，具体工作也就是招呼到店里的顾客而已，所以待遇菲薄。在小镇上的许多人眼里，没有比她做的这个差事更差的职业了。即使这样，她还面临裁员危机。原来，一个年轻人接管了这家药店。

一天，药店的新老板对苏珊说："从今天起，你除了当好导购外，还要仔细登记来访者，注意他们对我们服务的评价和建议，然后每周写一份报告给我。"

苏珊尽力按照老板的意图去做，但老板仍不满意，结果她被辞退了。

附近的人们知道了这件事，议论纷纷：

"除了当导购，苏珊能干什么呢？"

"她没有文化和技术，又没有开店的本钱。"

同样，苏珊感到天都塌下来了，做什么事好呢？

她想起过去在药店里有窗帘破了的时候，她可以做些简单的缝补，也许做缝缝补补的针线活可以勉强糊口。但这需要买一些针线，于是，她决定到邻近的城市里去买，那里的品种齐全，价格也比较优惠。

苏珊买回来了大小不等的针和各种颜色的线，刚进镇里就被一个邻居叫住了："苏珊大妈，能不能借我一团丝线呢？过几天再还你。"好心的苏珊答应了。

第二天邻居来找她："苏珊大妈，我想织一件毛衣，你把新买来的毛线借给我吧，我付给你毛线钱，再给你加上路费，你再去买新的吧。"

她再次返回来时，又一个邻居在等着她："苏珊大妈，我家的闹钟坏了，我身体不好，也没时间去买。我付给你路费，你帮我捎带一个好吗？"邻居付了钱走了。

这类情形太多了。突然，苏珊意识到，邻居们都没有时间出门买家里需要的小商品，她可以做这个生意。说干就干，她租了一间棚屋，开了一家小商店。附近的居民门都喜欢上她这里买东西，一些商家也愿意把产品放在她这里代销。

就这样，10年后，苏珊成为一家大超市的老板，竟然收购了她曾在那里当过导购的药店。

白天看太阳，黑夜看星星

花草树木，随着气候的变化而生长，但是你要为自己创造天气，要学会用自己的心灵弥补气候的不足。

安娜大学毕业一年多了，事业上遇到了一些麻烦，人际关系也不理想，处于人生的低谷。有一天，在回家的路上，她遇到了她上大学时的心理学教授惠特曼女士。教授关心地询问她的近况。安娜就把自己毕业后所遭遇的一切，一五一十地倾诉了出来。

惠特曼女士耐心地听完安娜的抱怨，点了点头，平静地说："看来你的状况似乎不很理想。不过，重要的是，你应该想一想如何改变这种现况，让自己的情绪好一点。"

安娜回答说："我当然想过，但好像没有找对方法，您有什么秘诀吗？"女教授神秘地笑了笑："的确有一点。你明天晚上有空的话，可以来母校，我们一起谈一谈。"

第二天晚上，安娜来到母校，与惠特曼教授一起在校园里漫步。她们边走边谈。但教授一直没有告诉安娜想要的秘诀。安娜有些着急，催促着让教授告诉她如何才能使自己的心情转好。

教授没有直接回答，她停住了脚步，抬头望着天上的星星，微笑地问道："安娜，你能够数清天上有多少颗星星吗？"

"当然数不清了，这和我有什么关系？"安娜有些疑惑。

教授看着安娜，语重心长地说："你知道，在白天，我们所能看到最远的星体就是太阳，但在夜里，我们却可以看见超过太阳亿万倍距离以外的星体，而且不止一个，数量多到我们数不清。"

安娜抬头看了看天上的星星，低下头来若有所思。接着，教授继续说道："如果一个人年轻时就一帆风顺，终其一生，也只不过看到一个太阳而已。而当你的人生进入黑夜时，你是不是可以看到更远、更多的星星呢？"

顿时，安娜恍然大悟，感觉心里一下子敞亮了许多。

水下体验

只要保持积极乐观的心态，生活便充满阳光。生活中的许多困难便迎刃而解。拥有积极心态的女孩一生幸福。

达妮是澳大利亚的一名女生，喜欢玩水却不会游泳。

有一天，阳光灿烂，朋友们叫达妮去一处海滨泳场游玩。伙伴们陆续下海游了起来，她们在海里游来游去，显得十分开心。达妮坐在沙滩上看着她们，忽然心头涌起一种不舒服的感觉。

伙伴们叫达妮下水一起游，她告诉她们，自己怕晒黑了，所以不想下水。朋友们笑着怂恿她："不要怕水，否则，你就永远不会游泳……"

阳光溅在她们水滑滑、光亮亮的肌肤上，她们像海豚一样嬉戏。其实，达妮并不想躲在阴影里看着她们快乐。她觉得自己实在是胆太小了，心里掠过一丝自卑的情绪。

一个月后，几个小伙伴邀请达妮到一个水上乐园嬉水。这一次，她鼓足勇气下水了。她先在浅水区练习划水，一会儿就感觉自己能浮起来了，她兴奋地发现，自己没想象中的那么无能，但她还是不敢游到水深的地方。

"来，这里水深一点，你试试看，"一个朋友微笑着对她说，"看会不会沉下去！"

"你说什么？"达妮还以为这个女伴故意开玩笑。但她小心地试了一下。她感觉朋友说得没错，在她意识清醒的状态下，想要沉下去、摸到池底还真的很难！

"看，你沉不下去，根本淹不死。为什么要害怕呢？"

因为这是一次奇妙的体验。达妮上若有所悟。从那天起，她不再怕水了。

去了解你的亲手发现

古希腊哲学家亚里士多德曾说："事业是理论和实践的有机统一。"如果把知识比做一座宝库，那么开启这个这宝库的钥匙就是实践。女孩想实现自己的理想，就必须养成勤于动手、善于运用知识的习惯，这样才能学有所成，在事业上有所作为。

多罗西的父母都是考古学家，经常去古迹旧址进行考古挖掘工作。多罗西还是一名少女的时候，有一年，她的父母去了中东进行考古工作，他们在叙利亚的萨马里亚和约旦的杰拉什挖掘拜占庭时期的教堂。学校放假之后，多罗西也去了父母挖掘工作的现场。看到考古人员在挖掘现场仔细地清洗文物碎片，多罗西心里充满了好奇。

随着现场发掘工作深入细致地进行，古罗马文明活生生地展现在多罗西的面前。拜占庭建筑艺术的特点是以中央绘制统辖全体，以彩色镶嵌画最具特色。多罗西自告奋勇地帮助父母绘制古老教堂的嵌花式地面，因为挖掘到的只是一些残缺不全的碎片，必须拥有丰富的想象力才能把它们完整地拼凑起来。

刚开始，多罗西几天都无法拼出一块完整的图案，多罗西的父母就拿出他们过去拼好的图案，给女儿讲一些基础的拼凑原则。慢慢地，多罗西进入了“角色”，她的潜能不知不觉地被激发了出来，拼凑文物碎片的速度基本能跟上挖掘的进度，这使她备受鼓舞，她更喜欢眼前这份“工作”了。其实，多罗西原本是准备利用假期为考大学做最后“冲刺”的。这时，她几乎忘了自己来这里的目的。考古挖掘工作对多罗西产生了极大的吸引力，她慢慢地也迷上了考古事业。

在拼凑文物碎片的过程中，多罗西经常一个人面对着成堆的碎片出神，它们仿佛在向她诉说着一个古老的故事，一段令人心碎的历史。这时候，她产生了一种强烈的好奇心，古代人是怎样生活的？他们穿着什么样的衣服？那些图案代表着什么？那些没有拼凑的图案的碎片本来是什么样子的？

从此之后，多罗西更加注重思考了，她逐渐养成了善于动手实践的习惯。多罗西后来说：“当你发现了一些东西，你总会试图去了解你所亲手发现的。”经过多年的实验研究，多罗西成为了著名的化学家，并获得了1994年诺贝尔化学奖。

第三辑

有一种温柔叫善良

感恩节的礼物

富有爱心是每个女孩应该具备的品质。每个女孩都应该爱父母、爱亲人，他们为你的健康成长付出无私的爱。

有一天，一个小女孩走到一个礼品店前面，整张脸都贴在了橱窗上，出神地盯着一个物件看。接着，小女孩走进了店里，告诉店主，她想看看店里的那条蓝宝石项链。她说："我想买给我姐姐。您能包装得漂亮一点吗？"

店主狐疑地打量着小女孩，问道："你有多少钱？"

小女孩从口袋里掏出一个手帕包，小心翼翼地解开所有的结，然后摊在柜台上，兴奋地说："这些可以吗？"小女孩洋洋得意，可展示出来的不过是几枚硬币而已。

小女孩说："您知道吗，我想把它当做礼物送给姐姐。自从妈妈去世以后，她就一心照顾我们，根本没有自己的时间。今天是她的生日，我相信她一定会喜欢这条项链的，因为项链的颜色就像她的眼睛一样。"

店主拿出了那条项链，装在一个小盒子里，用一张漂亮的红色包装纸包好，还在上面系了一个绿色的丝带。

店主对小女孩说："拿着吧，小心点儿。"

小女孩满天欢喜，连蹦带跳地回家了。在这一天的工作快要结束的时候，店里来了一位美丽的姑娘，她有着一头金发和一双蓝色的眼睛。她把已经打开的礼品盒放在柜台上，问道："这条项链是在这里买的吗？"

"是的，女士。"

“多少钱？”

“本店商品的价格是卖主和顾客之间的秘密。”

姑娘说：“但我妹妹只有几枚硬币，而这条宝石项链却是货真价实的。她付不起的。”

店主接过盒子，精心地将包装重新打好，系上丝带，又递给了姑娘，“她给出了比任何人都高的价格。她付出了她所拥有的一切。”

小店里一片寂静。姑娘手里紧紧攥着那个小盒子，两行热泪滑下了她美丽的脸庞。

懂得父母的爱

父母都是疼爱孩子的，为了孩子的成长，父母付出了很多心血，作为子女应该理解父母的付出，怀着感恩的心，学会与父母融洽相处。

有一天，妈妈问女儿期中考试成绩怎么样。

女孩说在这次考试中发挥欠佳，成绩不理想。

妈妈问她为什么没有发挥好，女孩就生气地说：“跟你说不清楚，说了你也不会明白的。”妈妈想弄清楚原因，女孩变得不耐烦了，母女俩发生了争执。

一气之下，女孩转身就跑出了家门。母亲在后面叫女孩，女孩头也不回地来到了街上。

女孩漫无目的地走了大半天，感觉到自己有些饿了，看到前面有个小饭馆，可是，她摸遍了身上的口袋，连一个硬币也没有。

店主是一位很和蔼的老婆婆，她看到女孩茫然的样子，就问："孩子，你是不是要吃碗馄饨？"

女孩不好意思地回答："可是我忘了带钱。"

"没关系的，你就吃吧！"

老婆婆说完便端来一碗馄饨。女孩满怀感激，眼泪情不自禁地掉了下来。

老婆婆关切地问："孩子，你怎么了？"

"我没事。我只是很感激您！"女孩一边擦眼泪，一边对老婆婆说："我们素不相识，而您却对我这么好，我没有钱还让我吃馄饨……"

通过交谈，老婆婆知道女孩是与她妈妈吵架离家的。于是，她对女孩说："好孩子，你怎么就这么想呢！我只不过是煮了一碗馄饨给你吃，你就这么感激我，那你妈妈煮了十多年的饭给你吃，你怎么就不感激她呢？你怎么还要跟她吵架呀？"

女孩愣住了。她急匆匆地往家走去。刚到家门口，她便看到妈妈焦急等待自己的身影。妈妈看到女儿，脸上立即露出了笑容："赶快回家吧，饭早就做好了，你要是回来迟一点，菜都要凉了！"

听了妈妈疼爱自己的话语，女孩忍不住落泪了。她想，到母亲节那天她一定要给母亲送一束鲜花！

老人的鼓掌

要让爱成为你最强大的武器，没有人能抵挡它的威力。

梦娜平时很喜欢唱歌，可是因为个子矮小没有被选进学校的合唱队。

周末放学后，她在公园里伤心地流泪，心想：“我为什么不能去唱歌呢？难道我真的唱得很难听？”

想着想着，梦娜不由自主地唱起了歌剧《卡门》里的《西班牙塞吉第亚舞曲》，周围的不少游人给她鼓掌。受到了鼓励，梦娜接着唱了一支又一支，直到唱累了才停了下来。

“你唱得真好！”一阵掌声传了过来，说话的是个满头白发的老人。

梦娜感到有点意外，心想：“我果然唱得好么？”

“是的！谢谢你，小姑娘，你让我度过了一个愉快的下午。”老人说完后就离开了。

因为受到了老人的鼓励，第二天，梦娜再次来到公园。等她到了公园时，她发现昨天遇到的那位老人还坐在原来的位置上，看到梦娜，老人的脸上露出慈祥的微笑。

梦娜又唱了起来，她一连唱了好几首歌曲。听着听着，老人就流露出一副陶醉的表情。每当梦娜唱完一曲，老人总会带头鼓掌。

梦娜唱了大半天，该回家了。

老人说：“谢谢你，小姑娘，你唱得太棒了！”说完，他坐在那里微微地笑着。

就这样过了许多年，梦娜转眼成了一个大姑娘，还是本城有名的职业歌手。但一直以来她仍然忘不了公园靠椅上那个慈祥的老人。

有一次，公园邀请梦娜来演唱。梦娜特意去找当年那位老人经常坐的那个木靠椅，可是，木靠椅虽在，老人却不见踪影。一个知情人告诉她：“老人是个聋子，已经去世几年了。”

梦娜猛然明白：当初，老人听不到她的任何声音，只是在鼓励她。

慈善的不是钱，是心

善良是女孩子应当具备的品质。有慈爱之心的女孩子，在生活中常常能赢得别人的喜爱，收获愉悦，青春永驻。因为关爱别人的同时，自己也会感到快乐。

2007年2月16日，刚刚卸任的联合国秘书长安南在美国得克萨斯州的一个庄园里举行慈善晚宴，为非洲贫困儿童募捐。应邀参加晚宴的都是各界名流。

晚宴将要开始的时候，一位老妇人领着一个小女孩来到了慈善晚宴的入口处，小女孩手里捧着一个精致的瓷罐。这个小女孩叫露茜，旁边的是她的奶奶。

守在庄园入口处的保安拦住了她们。“欢迎二位！请出示请柬，谢谢！”门卫说。

“请柬？对不起！我们没有接到邀请。我是陪小露茜来的。”老妇人解释道。

“抱歉，没有请柬的人是不能进去的。”

“为什么？这里不是举行慈善晚宴吗？我们是来表示心意的。”老妇人接着说，“小露茜从电视上知道了这里要为非洲的贫困孩子募捐，她很想为那些孩子做点事，决定把自己存钱罐里所有的钱捐出来。我可以不进去，但不能让小露茜进去吗？”

“是的，这里将要举行一场慈善晚宴，应邀的都是重要人士。他们将为非洲的孩子慷慨解囊。很高兴你们带着爱心来到这里。我想，这种场合不适合你们进去。”门卫解释说。

“慈善的不是钱，是心，对吗？”一直没有说话的小露茜忍不住说道，“我知道，受邀请的都是有钱人，他们会捐出很多钱。虽然我没有那么多钱，但这是我所有的钱啊！如果真的不能进去，请你帮我把这个存钱罐带进去，好吗？”小露茜说完就将手中的存钱罐递给门卫。

面对小露茜的这个举动，门卫一时也不知道该不该接。正在他不知所措的时候，突然有人说：“不用了，孩子，你说得对！慈善的不是钱，是心！你可以进去，所有的有爱心的人都可以进去！”说这句话的是一位面带微笑的老者，他走到小露茜的身旁，躬下身子和小露茜交谈了几句，然后直起身来拿出一份请柬递给门卫：“我可以带她进去吗？”

门卫接过请柬，打开一看，赶忙回答说：“是的，沃伦·巴菲特先生。”

巴菲特是闻名世界的大富豪，曾多次位于世界富豪排行榜前两位。当巴菲特带着小露茜进入宴会大厅，小露茜捐出了她全部钱，一共30．25美元，全场对她报以最热烈的掌声。

当天慈善晚宴上，世界首富比尔·盖茨捐出了800万美元，而富有“股神”之称的巴菲特捐出了300万美元。虽然，小露茜只捐出了不到31美元，但慈善晚宴上的“主角”，不是募捐的倡议者安南先生，也不是比尔·盖茨和巴菲特，而是小露茜，她说的“慈善的不是钱，是心！”赢得了现场来宾的称赞。

第二天，美国各大媒体纷纷以小露茜这句话作为标题，报道了这次慈善晚宴的盛况。看到报道后，许多人纷纷表示要学习小露茜，为非洲贫困孩子捐赠。

感动世界的特蕾莎修女

慈爱之心是人类高尚的情操。在生活中，拥有慈爱心的女孩往往显得更加温柔、迷人和可爱。

1979年12月8日，该年度诺贝尔和平奖得主特蕾莎女士飞抵挪威首都奥斯陆。诺贝尔和平奖评委会主席萨涅斯先生亲自到机场迎接，并高兴地向特蕾莎女士宣布，挪威国王将在颁奖典礼后举行的宴会上接见她。

“宴会？”特蕾莎感到意外。

“按照惯例，颁奖典礼后要举行盛大宴会，应邀贵宾包括国王、总统、总理、政要和名流。”萨涅斯解释说。

特蕾莎问道：“主席先生，举办这样一次宴会得花费多少钱？”

“7000美元。”萨涅斯不知对方何意，认真地回答道。

“7000美元！”特蕾莎睁大眼睛，目光里流露出无限的惋惜。过了几分钟，她鼓起勇气，试探性地问：“尊敬的主席先生，我有一个请求，希望您取消这次宴会。”

“取消宴会？”萨涅斯主席十分惊诧，他几乎不敢相信自己的耳朵。因为从1901年设立诺贝尔和平奖以来，第一次有人提出这么奇怪的请求。

“是的，我请求主席先生取消这次宴会，把省下来的钱交给我去救助那些饥饿的穷人。”特蕾莎的声音有些颤抖，“要知道，7000美元足够3万个印度乞丐吃一天啊！”特蕾莎女士不敢再看萨涅斯，她低下头紧张地等待萨涅斯主席做出决定。

萨涅斯没有马上回答。

特蕾莎有些歉意，问：“主席先生，我的请求是不是让您为难了？”

“不，不！”素来严肃的萨涅斯主席仰起脸，感动地向特蕾莎深深地鞠了一躬，“您的请求深深地感动了我，感动世界，我代表世界上所有的穷人和善良的人谢谢您了。”

试着站在别人立场上考虑问题

优秀的女孩都要养成站在多数人的立场上思考问题的习惯，不要指责他人，因为这是愚人的做法。我们应该理解她，谅解她，多站在多数人的立场上想想。

一位妈妈在圣诞节带着5岁的女儿去买礼物。大街上回响着圣诞赞歌，橱窗里装饰着彩灯，装扮可爱的小精灵载歌载舞，商店里五光十色的玩具应有尽有。一个5岁的孩子将以多么兴奋的目光欣赏着绚丽的世界啊！妈妈毫不怀疑地想。然而她绝没有想到，女儿却紧拽着她的衣角，呜呜地哭出声来。

“怎么了？宝贝，要是总哭个没完，圣诞精灵可就不到咱们这儿来啦！”

“我，我的鞋带开了……”

妈妈不得不在人行道上蹲下来，为儿女系好鞋带。系鞋带时，妈妈无意中抬起头来：“啊，怎么什么都没有？！”——没有绚丽的彩灯，没有圣诞礼物，也没有装饰丰富的餐桌……

原来那些东西都太高了，孩子什么也看不见。落在她眼里的只有一双双粗大的脚和女人们低低的裙摆，在那互相摩擦，碰撞……真是好可怕的情景！

这是这位妈妈第一次从5岁女儿目光的高度眺望世界。她感到震惊，立即把女儿带回了家。从此妈妈发誓，今后再也不把自己认为的“快乐”强加给自己的孩子。

得奖的感觉

骄傲自满时，要想到自己怯懦的时候。不可一世时，抬起头去仰望群星。

1988年10月17日凌晨6点半，刚刚起床的G.B.埃利昂女士接到一个电话，恭喜她获得了诺贝尔生理学或医学奖。从来没想过自己会获得诺贝尔奖的埃利昂以为是记者跟她开玩笑，说什么也不相信，直到记者告诉她一同获奖的还有希钦斯和布莱克两位教授时她才相信。

20世纪50年代以来，诺贝尔奖很少光顾药物研究的成果，并且从不“青睐”没有博士学位的科学家，尽管埃利昂拥有好几所大学的荣誉博士学位。但那毕竟不是“正宗”的博士学位。

埃利昂获得诺贝尔奖后，曾有很多人问她：“得奖的感觉怎么样？”

埃利昂说：“感觉当然很好，但得奖并不能代表一切。”

稍微停顿了一会儿，埃利昂又接着说：“我绝不是贬低诺贝尔奖的价值，它带给我很多荣誉与收获，但如果没有得奖，所有的事情也不会有太大的区别。对于我来说，最大的收获是使病人痊愈。”

埃利昂还说：“还有什么比治疗疾病的工作对人们的生命更有益、更让人高兴的呢？我们不断地收到病人的来信，很多是那些患白血病孩子写来的，孩子们的感激之情，比之成人的更让人难以忘怀。”

诚实的冠军

诚实就是一种最美的内涵，当你能做到诚实时，你已经是最棒的了。荣誉是对一个人成功的奖赏，但前提必须是诚实的。正如英国剧作家琼森所说：“不诚实的智慧只不过是诡计和欺诈。”

有一年，华盛顿举办美国第四届全国拼字大赛，各个选手都是一路过关，是当地的拼字高手。来自南卡罗莱那州的冠军是一位11岁的小女孩，她叫罗莎莉·艾略特。

在决赛中，当罗莎莉被问到如何拼“招认”这个词时，她轻柔的南方口音，使得评委们难以判断她说的第一个字母到底是A还是E。评委们商议了几分钟之后，将录音带倒带后重听，仍然无法确定她的发音是A还是E。最后，语言学家、首席评委约翰·洛伊德先生决定，将这个问题交给唯一知道答案的人。于是，他和蔼地问罗莎莉：“你刚才的发音是A还是E？”

其实，罗莎莉根据他们的低声议论，已经知道这个字的正确拼法是A，但她毫不迟疑地回答，她的发音错了，刚才的发音是字母E。

首席评委又问：“你大概已经知道了正确的答案，完全可以获得冠军的荣誉，为什么还说出了错误的发音呢？”

罗莎莉回答说：“我愿意做个诚实的孩子。”

当她从台上走下来的时候，所有的观众都为她的诚实而热烈鼓掌。

最后，因为罗莎莉的诚实，评委一致决定将冠军的奖杯授予她。

爱心的魔力

如果没有爱，即使博学多识，也终将失败。

有一天，一位父亲和两个孩子坐在树下休息，父亲问他们："假设可以满足你们一个愿望，让你们得到心中最想要的一件东西，你们会选择什么呢？"

女儿回答说："我要美丽。人人都喜欢美的东西，如果我变美丽了，所有人都会喜欢我。"

儿子回答说："美貌是暂时的。我的愿望是财富。有了钱我可以买到我想要的任何东西。金钱能够征服世界。"

父亲听了摇摇头，女儿马上看出来了，他们的回答父亲都不满意。于是，她又说："哦，我知道了！财富和美貌一样，都是很容易失去的。最好的愿望是拥有智慧。谁也不能把智慧抢走，对不对？"

此时，父亲站起身来，用小棍子在地上写了几个零。他对孩子说："你们说的这些东西无论是美貌、财富还是智慧，就好像很多个零，零的前面没有一个数字，它起不了任何作用。如果在这些零的前面加上一个数字，它就会使这些零产生无限的价值。"

儿子着急地问："什么才能使这些零变得有价值呢？"

父亲回答说："它就是'爱心'。"

女儿明白了：只要有了爱心，人就能变得美丽、富有和充满智慧。她对父亲说："到国际志愿人员日，我要做一名志愿者，参加公益活动，献出我的爱心！"

致爱丽丝

美丽的心灵是一个女孩美丽的根本，有爱心的女孩是最美的、最有内涵的。世界上人人都需要爱，那么也应该奉献出一点爱。你想在秋天收获爱心吗？那就在春天赶快播种吧！

那是在一个圣诞节的夜晚，很多有身份的人聚集在像城堡一样的大厅里，他们正在参加一场盛大宴会。大厅里有闪闪发光的圣诞树，有摇曳的烛光，有两腮长满花白胡须的圣诞老人，有丰盛的美味佳肴；水晶灯下，宾客们衣香鬓影，舞姿翩翩，他们的欢声笑语随着飞舞的雪花飘散在茫茫的夜空里，空气里隐约飘来了富人餐桌上才有的烤鹅和苹果的香味。

这时，二十多岁的贝多芬正徘徊在维也纳街头。突然，他迎面遇见了一位在寒风中哆嗦的小女孩，她叫爱丽丝。贝多芬问她怎么不在家里欢度圣诞之夜。小女孩说，她的一位邻居雷德尔老爹正病得厉害。这位老人已经双目失明，他说他有一个愿望，在这个愿望没有实现之前，他是不能死去的，否则他的灵魂就不能升入天堂。美丽善良的爱丽丝跑到斯提芬大教堂里去求助神父，却被拒之门外。

“他有什么愿望？”贝多芬问道。

“老人想再看一眼森林和大海，到塔希提岛、阿尔卑斯山去看一眼。”爱丽丝含着泪水说，“多好的老人呀！只可惜没有人愿意帮助他实现这个愿望。”

贝多芬听了，拉起爱丽丝的手来到雷德尔老人的家里。他轻轻地打开了角落里那架尘封已久的旧钢琴。在触摸到钢琴的一刹那，贝多芬仿佛被一种无法言语的感觉在指引，他轻轻地弹奏起来，那么专注，那么自如……

“啊！我看到了！我看到了阿尔卑斯山的雪峰，塔希提岛四周的海水，还有海鸥、森林、沙滩、阳光……全看到了！我的灵魂终于可以升入天堂了！”雷德尔老人说着，激动地拥抱了贝多芬，“尊敬的先生，感谢您在这圣诞之夜，使我看到了想看到的一切——我终生热爱的大自然啊！”

“不要感谢我，是天使一般的爱丽丝把我引到了这架钢琴前。”

贝多芬转身对爱丽丝说：“请允许我把这首曲子献给你！美丽的爱丽丝，我会带着这个曲子走遍全世界，温暖天下所有需要爱心呵护的人。”贝多芬弯下腰吻别了小爱丽丝，随即走进了夜幕下的都市里。从此，经典名曲《致爱丽丝》流传至今，优美的旋律深受人们的喜爱。

神学与科学

生活中没有理想的人是最可怜的人。没有理想，就没有坚定的方向；没有方向，就没有幸福的生活。

斯韦特兰娜·热卢杰娃是一位俄国女科学家。在她的少年时代，俄国是一个新旧思想交替的年代。一方面，人们相信上帝是万能的，能够拯救人类；另一方面，自然科学迅速崛起，正冲击着人们头脑中的固有的神学思想。小热卢杰娃的生活也被深刻地打上了这个时代的烙印。

热卢杰娃的父亲是一个神父，在当地很受人尊敬。在她的心目中，父亲几乎是一个万能的人，能够解除人们心灵的痛苦，他总是尽自己的能力去帮助那些遭受不幸的人。她曾经一度希望自己以后也成为父亲那样的人，用神赋予的力量去解除别人的痛苦。

但是，有一件事改变了她的志向，也影响了她的一生。

有一次，有人来请她父亲去做祈祷。小热卢杰娃当时对于神父的工作非常好奇，因此也非得要跟着去，父亲被缠得没有办法，只好带着她去了。

这一次，她父亲是去给一个快要死亡的孕妇做临终祈祷。也就是祝福快要死亡的人的灵魂能够升入天堂，在天堂里继续过幸福的生活。在神父眼里，病人不是死去了，而只是去了另外一个世界里而已。

那个孕妇因为消化不良，肚子很胀，痛苦地在床上呻吟。看到这种情景，小热卢杰娃只是静静地站在角落里，听着父亲祈祷，她希望父亲的祈祷能够让这个孕妇和那个还没有出生的孩子活下来。但是，父亲的祈祷似乎没有起作用，孕妇和未出生的孩子一起死了。

病人临终前痛苦的样子深深地刺痛了小热卢杰娃幼小的心灵。

从病人家里出来以后，她问父亲："爸爸，您能够让她的病好吗？"

"不能。"父亲的回答很简单。

"有人能救得了她吗？"

"那是医生的责任，我只能拯救她的灵魂，她和自己的孩子去见上帝了，从此不会再有痛苦了。"

小热卢杰娃似乎听懂了父亲的话，不再说话。但是，她并没有停止思考。她想，上帝为什么不让她在这个世界上再多活几天呢？她死前为什么那么痛苦呢……

在回家的路上，热卢杰娃默默地跟在父亲的后面，反复地想着父亲的那句话："那是医生的责任。"这时，父亲的形象在小热卢杰娃心目中已经不再伟大，并且她对于神父的工作也产生了怀疑。

"人类有一种邪恶，就是愚昧。对这种邪恶只有一种疗法——科学。"小热卢杰娃偶然看到了这么一句话，她一下子就想到了那个死去的孕妇：她是不是就死于愚昧呢？她还想到了自己一直喜欢的《日常生活中的生理学》，这是一本介绍生理学的科普图书，书里用生动有趣的故事讲述了消化、呼吸等知识。

最终，热卢杰娃走向了和神学对立的另一面，走上了科学研究的道路，并且为人类进步事业做出了巨大的贡献。

目标改变命运

人的志向通常和他们的能力成正比。没有志向，没有目标，不求上进，到头来往往是两手空空，什么也捞不着。

丛玢娴出生在一个贫困家庭。在她出生后的第三天，她的父亲就死在了战场上。她的母亲是一名清洁工，带着她和姐姐生活。一家人过得很艰难，为了维持家庭生活，她们欠下了不少债。

有一天，债主逼上门来，母女三个人抱头痛哭，年幼的丛玢娴拍着母亲的肩膀说："妈妈，别伤心，有一天我会开着奔驰车来接你。"

为了实现对母亲的承诺，在长达40年的奋斗生涯中，丛玢娴付出了艰辛和泪水。

丛玢娴初中毕业后，因为家庭困难交不起学费，就到一家零售店当了学徒。在此期间，她经常受到别人的轻视，这使她立志改变自己的人生命运。于是，她一边自学高中课程，一边寻找机会。后来，她辞去了店员的工作，到一家夜校学习，并在附近的建筑工地上找到了一份新工作，也就是当清洁工。这样一来，不仅收入有所增加，而且圆了她的上学梦。

4年的夜校学习结业后，丛玢娴进入了一所大学夜校学习法律，毕业之后，她成为一名律师。32岁那年，她当上了汉诺威霍尔律师事务所的合伙人。

后来，从玢娴对日用化学产生了兴趣，并参加一些兴趣小组的活动，还加入了生物化学协会。1969年，她担任一家化妆品公司的推销人员，取得了良好业绩；1980年成为雅芳公司销售主管；1990年担任雅芳公司副总裁，此后又连任两次；1998年10月，她迈上了雅芳总裁的宝座，终于实现了她梦寐以求的目标以及多年前对母亲的承诺。

歌声就是希望

人的信念是一种生命力的表现。在人生困厄之时，人的信念往往可以激发出惊人的生命力。有信念的女孩是坚强的，是最有生命力的花朵。遇到灾难，往往只有乐观自信的人才能坚持到最后一刻，获得生还。

1920年10月，在一个漆黑的夜晚，在英国沿岸的大西洋里，发生了一起船只相撞事故。一艘小汽船与一条大客轮相撞。没有多久，小汽船就沉入海水里了，船上搭载的一百多名乘客都被抛在了水中。

起初，这些落难者都抱着救生圈、圆木等漂浮物在海水里挣扎。渐渐地，哭喊声、呼救声被海浪声淹没了。乘客落水的海域出现了令人窒息的沉寂，一股使人恐慌的氛围在周围扩散，有人感觉他们似乎没有生还的希望了，泄气的情绪开始蔓延。

一个名叫弗朗哥·马金纳的保险公司职员，在事故发生后，也被小船抛了出来，在水中苦苦地挣扎，他觉得自己已经奄奄一息了。

就在这个时候，马金纳隐隐约约听到一阵优美的歌声。透过嘈杂的海浪声，他依然能分辨出那是一个年轻女性的声音，犹如教堂里的赞美诗那样高雅、动听。

马金纳静静地听着，他感觉歌声使他有了精神，他顾不上寒冷和疲惫，慢慢地朝着传来歌声的方向游去。

一会儿，马金纳就游到了。原来，那儿浮着一根很大的圆木，它可能是汽船下沉的时候被甩出来的。几个女人正抱住它在水中等待着救援，唱歌的人是其中的一个年轻姑娘。她用歌声给她们“加油”！使她们驱散寒冷和疲惫，坚定生还的信念。

忽然，一个大浪劈头盖脸地打了过来，这个姑娘仍然镇定自若地唱着。

歌声仿佛黑暗中的灯塔。一艘救生艇循着歌声驶了过来，他们得救了。

演好你自己的角色

阳光是由七彩组成的，缺少任何一个颜色就不会那么灿烂。在人生的航程中，不可能时时处处当船长，有时也得学会当水手。

有一次，学校组织文艺汇演，五年级筹划排演一幕希腊神话短剧，女生丹尼丝被选来扮演剧中的公主。接连几周，丹尼丝放学回家后，母亲都认真地跟她一道练习台词，她在家里排练时台词记得很熟，表演也很自如。可是，一站到学校的舞台上，丹尼丝由于紧张，头脑里的台词全都忘得无影无踪了，令她感觉很难堪。

最后，老师只好叫丹尼丝下台休息，并解释说，她为这出戏补写了一个道白者的角色，请丹尼丝调换一下角色。虽然女老师的话说得委婉亲切，但丹尼丝看到自己的角色让另一个女孩演的时候，心里还是感觉被深深地刺痛了。

那天回家吃午饭时，丹尼丝没有把这件事情告诉母亲。然而，细心的母亲还是觉察到了她的不安，便没有再提醒她练台词，而是问她是否想到后面的院子里走一走。

那是一个明媚的春日，风和日丽，棚架上的蔷薇藤正萌发出新绿。丹尼丝无意中瞅见母亲在一棵蒲公英前弯下腰，“我想我得把这些杂草统统拔掉。”她一边说着，一边用力将它们连根拔起。“从现在起，咱们这个小庭园里就只有蔷薇了。”

“可我喜欢蒲公英！”丹尼丝阻止母亲说，“所有的花儿都是美丽的，哪怕是蒲公英！”

母亲表情严肃地打量着女儿，若有所思地说。“对呀，每一朵花儿都以自己的风姿给人愉悦，不是吗？”

丹尼丝点点头，高兴自己说服了母亲。

“人也是如此。”母亲又补充道，“不可能人人都当公主，如果你不是公主没有必要羞愧。”

丹尼丝想到，母亲已经猜出了女儿的苦恼，就一边告诉母亲发生了换主角的事情，一边失声哭起来。

母亲听了释然一笑，说道：“你将成为一个出色的道白者。在观众眼里，道白者跟公主的角色一样重要！”

最终，丹尼丝饰演的道白者角色，受到了老师和同学们的一致称赞。

选择幸运

积极向上的生活态度，对幸福生活的主动追求，决定了人们总是选择乐观。乐观的女孩总能从平淡无奇甚至不幸中找到属于自己的生命阳光，保持精神愉快，微笑着面对生活。

黛丝是一位广告策划经理，性格开朗，工作热情，她与同事相处十分融洽，她前几次离职的时候都有下属跟着她一起跳槽。

当朋友问黛丝的近况如何时，她总是乐呵呵地回答说：“当然，我很快乐啊！”了解黛丝的人都觉得她天生就是一个鼓舞者，如果哪个下属情绪不佳时，黛丝会告诉他怎么正面去看待事情，这种生活态度的确让人称奇。

有一天，朋友凯迪追问黛丝说：“一个人不可能总是看到事情的光明面。这很难办到！你是怎么做到的？”

黛丝回答道：“每天早上我一醒来就对自己说：黛丝，你今天有两种选择，你可以选择心情愉快，也可以选择心情不好。而我选择前者，然后就命令自己要快快乐乐地生活，我真的做到了；每次遇到不顺心的事情，我可以选择成为一个受害者，也可以选择从中学些东西。而我总是选择后者，我也做到了；每次有人跑到我面前诉苦或抱怨，我可以选择接受他们的抱怨，也可以选择指出事情的正面。而我选择后者。”

“可是，并没有那么容易做到吧？”凯迪疑惑地问道。

“就是那么容易。”黛丝回答说，“人生就是选择。每一种处境面临一个选择，你选择如何面对各种处境，你选择别人的态度如何影响自己的情绪，你选择心情舒畅还是情绪消极。归根结底，是你自己选择如何面对人生。”

事实上，黛丝遇到这样的情况，她曾被确诊患上了中期乳腺癌，需要尽快做手术。手术前期，她依然过着有规律的生活，每天早上6点半就醒来，做一些健身活动；上午收拾，料理家务；中午照常喝着午茶；傍晚学习插花，睡前认真写日记。所不同的是，每天下午3点要去医院接受检查。即使在医院里做检查时，她会感觉十分不舒服，但她也总是面带微笑，让医生们感到很轻松。因而，医生在给黛丝做手术时一切进行得很顺利。

果然，两个月后的一天，朋友凯迪来探望她，黛丝竟然马上忘记疼痛，要送凯迪一件自己刚刚在医院里做好的插花。等到她出院时，竟然与医院科室很多人和一些病友成了朋友，因为他们都被黛丝乐观和坚强所感染。

半年之后，黛丝提及此事时说：“我一直心情很好！现在，想不想看看我的伤疤？当时在我脑海中浮现的第一件事就是我对自己说有两个选择，一是死一是活。我选择了活，而且是今后要快乐地生活。于是。我要坚强地笑一笑，我要让摩尔医生放松下来，以稳健的心情给我做手术。我相信，我们会配合得很好，尽管这类手术的成功率只有50%。显然，我很幸运！”

显然，黛丝之所以活了下来，一方面要感谢医术高明的医生，另一方面得感谢她那乐观的生活态度。生活充满了选择，坚强的黛丝总是乐观地选择生活的正面，所以她快乐。

一幅画作

生活是美好的还是丑恶的，赖以我们的心态，如果你以乐观的心态看世界，就会发现生活处处都是美好的；如果你以消极的心态看待生活，就会觉得现实中丑陋、阴暗的东西太多。所以，女孩应该选择一种积极、乐观的心态，去体会生活，感悟生活的美好。

米歇尔中学毕业后没有被她向往的哈佛大学录取，她感觉自己没有什么前途了，希望将来成为一名金融家的梦想破灭了。于是，她对生活极度厌倦，打算以投湖的方式结束自己的性命。

米歇尔来到湖边，看到了一位正在写生的画家，画家专心致志地在画一幅画。米歇尔厌恶极了，她刻薄地看了画家一眼，心想："真是幼稚！"那像恶魔一样狰狞的山峦有什么好画的？那像坟场一样沉寂的湖泊也没有什么值得画的！

画家似乎注意到了米歇尔的存在和情绪，依然专心致志地作画，过了一会儿，他画完一幅画作，大声说："姑娘，来看看这幅画吧。"

米歇尔礼貌地走了过去，目光立即被画家创作的这幅画吸引住了，她竟然将自杀的事忘得一干二净，她心里在想，以前她真是没有发现世上还有那样美丽的画面——他将"坟场一样"的湖面画成了天上的宫殿，将"恶魔一样狰狞"的山峦画成了长着翅膀的美丽少女。画家让米歇尔给他的这幅作品起个名字，她兴奋地说："可以将这幅画命名为《生活》"。

画家沉思片刻，点头表示赞成。突然，画家挥笔在这幅美丽的画作上点了一些散乱的黑点，形状既像污泥又像蚊蝇，也许是寓意美好的生活中也存在某些不如意的地方吧。不料，米歇尔看了却惊喜地说："这是星辰和花瓣吧！"

画家满意地笑了："是啊，美好的生活是需要我们自己用心发现的呀！"

书里书外的两个女孩

乐观犹如一首激昂优美的进行曲，时刻鼓舞着人们向事业的大路勇猛前进。乐观的女孩总能保持一种乐观的心境，不管生活以什么样的方式回报自己，她都能张开双臂，用愉悦的心情迎接命运的每一次挑战。如果你选择了乐观，就意味着你的生活处处充满欢乐。

有一年，史密斯医生在给一位女孩治病时，虽然使出了浑身解数，但女孩的病情并未见好转。为此，史密斯医生内心十分焦虑。一天，史密斯医生在查病房时发现，这位女孩正在阅读一份报纸上的连载小说，于是他开始留心观察她。

随后几天，这位女孩的情绪时好时坏，病情略有加重。史密斯医生思来想去，便找来了那份报纸，认真地读了起来。

原来，报纸上的那篇连载小说描写的是一位身患重病的少女的故事，而小说中的女主人公恰好与现实中的这位女孩患相同的病。这种病在当时的医疗条件下，属于不治之症了。史密斯医生立即意识到，这对他的病人——这位女孩意味着什么。

果然，随着小说女主人公的病情逐渐加重，史密斯医生发现他的病人的病情也趋向恶化。于是，史密斯医生来到了报社，找到了小说的作者，详细地询问了小说情节的发展以及女主人公的命运与归宿。

根据写作计划，作家告诉他，小说中的女主人公最后将死于疾病，而且死得很惨。史密斯医生马上请求作家改变初衷：“她还年轻，”他竭力陈述着自己的理由，“而且，这关系到两个姑娘的生命啊！”说着，史密斯医生又谈了自己的设想。最后，那位作家被感动了，接受了史密斯医生的建议。

后来，小说中的女主人公勇敢地站了起来，积极与病魔抗争，并乐观地活下来了。同样，此后不久，史密斯医生的病人——那位女孩竟然奇迹般地战胜了“不治之症”，康复出院了。

可见，心理暗示对身体健康有着不可忽视的影响。积极的暗示可以使人的生理机能和心理状况保持在最佳状态，并能显著提高人的社会适应能力；而消极的暗示，则会危害人的身心健康，加重人的病情。

学会转弯

人一生所走的路不可能是笔直的，而是弯弯曲曲的。当遇到人生的弯道时，我们不能直行，而应调整心态，改变思路，为自己找出新的出路。

罗亚尔原来是一名女骑手。在一次马术比赛中，由于马匹受到惊吓，突然陡立起来，罗亚尔没有提防，意外地坠落马下。顿时，她眼前一片黑暗，当她从昏迷中苏醒过来，已经被截肢了。

几乎是转眼之间，世人心目中的“超级女骑手”只能坐在轮椅上。

出院后，为了让她散心，抚平她内心的创伤，亲人轮番推着轮椅，陪着她外出旅行。

一日，他们坐的小轿车穿行在落基山蜿蜒的盘山路上。罗亚尔静静地望着窗外的景色，发现每当轿车即将行驶到看似没有路的地方，路边都会出现一块非常醒目的指示牌：“前方转弯！”“注意：急转弯！”

轿车每拐过一道弯路之后，前方又豁然开朗。罗亚尔见景生情，不由自主地自言自语，“哦，不是路已到了尽头，原来是该转弯了”。突然，她恍然大悟，冲着家人喊道：“我要回去，我还有路要走！”

从此，罗亚尔以轮椅代步，当起了马术教练，她培养的选手多次获奖。后来，她还开始了艰难的写作。她的第一部作品《依然是我》一经问世，广受读者好评。同时，她四处奔走，举办演讲会，为残障人募集善款，成了一位著名的社会活动家。

当记者采访罗亚尔时，她回顾自己的心路历程，动情地说：“以前，我一直以为自己只能做一个骑手，没想到我还能做教练、当作家，并成了慈善大使。我要告诉人们的是，当不幸降临的时候，并不是路已到了尽头，而是在提醒你该转弯了！”

多说善话，多听善音，多做善事，多用善心

谁轻视别人，孤芳自赏，谁就很难获得真诚的友谊；谁谦逊礼让，关爱别人，谁就会赢得友情。

拥有个人魅力不要幻想依靠财富和漂亮，而要依赖内心的修养以及潜移默化的爱心行动。

有一个名叫伊莲的漂亮小女孩，出生在巴黎一户富豪家庭。她母亲是一位基督教信徒。

伊莲家庭条件优越，天生丽质，外表漂亮迷人。可是，她清高自傲，孤芳自赏，没有什么朋友，连个可以谈心的女伴也没有。于是，她问母亲，如何才能有魅力，赢得其他小伙伴的喜欢。母亲告诉她，随心怀慈悲，多说善话，多听善音，多做善事，多用善心，自然就会成为有魅力的女孩。

伊莲问："善话怎么说呢？"

母亲答："就是说欢喜的话，说真实的话，说谦虚的话，说利人的话。"

"善音怎么听呢？"

"就是转化一切声音，把辱骂的声音转为同情的声音，把毁谤的声音转为帮助的声音；哭声闹声、粗声丑声，你都不要介意。"

"善事怎么做呢？"

"就是做帮助他人的事、慈善的事、服务的事。"

"善心又是什么心呢？"

"善心就是一颗平常心、包容心和责任心。"

伊莲听了之后，改掉了从前的骄矜，不再自恃相貌美丽而轻视别人，也不在人前炫耀自己家庭的富有，对人总是谦让有礼，对周围的同学关怀有加，小伙伴都喜欢她，成为她的好朋友。从此，这个女孩变得活泼开朗，成为老师和同学都喜爱的女生。

心灵美于外表

女孩的美丽不在于她的脸蛋有多么漂亮，她的身材有多么诱人，她的服饰有多么华丽，而在于她纯净的心灵，那是因为她有善良的本质；也在于她的眼睛，因为那是展示心灵的窗户；美丽还在于她的整洁，因为那是她个人素质的外在体现。

玫琳出生在美国纽约一个富裕的犹太人家庭。她聪明美丽，并接受了很好的教育。在空闲的时候，她会用那一双修长而优美的手弹奏钢琴。优美的琴声悦耳动听，她的演奏技艺得到了周围人的夸赞。

“我的手是最美丽的！”玫琳常常这样想。

有一天，玫琳对老师说：“罗娜小姐，玛丽的手又红又肿，看起来好粗糙啊！”

“你只看到了表面的东西。我感觉玛丽的手是我们班上学生中最美丽的手！”老师不同意她的看法。

“怎么会是最美丽的手？”玫琳说，“她的双手又红又硬，好像一把刷子啊。”

“想知道那是为什么吗？那让我来告诉你吧！”老师说，“你应该记得，玛丽也曾有过一双和你一样细嫩光滑的双手。但她的父亲去世了，每天她都很忙碌。她需要帮助她的母亲支撑家庭，她要洗盘子，生火做饭，洗晒衣物。她有时候还为隔壁生病的小女孩洗头发，她富有同情心，善良地对待动物。我曾看到她用那双又红又硬的手在街上轻轻抚摩疲劳的小马和受伤的小狗。现在你明白，为什么玛丽的手是最美丽的了吗？”

“哦，我对我开始说的话感到非常惊讶，也非常抱歉！我从来没有认为玛丽的手很难看，罗娜小姐！”玫琳羞愧地说。

罗娜老师说：“那你就通过真诚的行动来表达自己的懊悔吧。请记住，心灵美才是真正的美！”

白衣天使南丁格尔

你只有坚持自己的理想和信念，不为外界的干扰所动摇，义无反顾，才能取得成功。

一百多年前，一个小女孩拿着心爱的布娃娃在家里玩耍，一不留神，布娃娃的手心被铁钉刺破了，露出了一个破洞。小女孩感到一阵惋惜，她马上从家里找出针线，模仿医护人员的样子，一针一针地缝补布娃娃手心的破洞。虽然缝补的针脚显得歪歪扭扭的，但她缝补时候的样子很认真。布娃娃的破洞缝好之后，小女孩还没有忘记在布娃娃的“伤口”处，涂抹一层膏药。然后，她把布娃娃抱到了床上，给“她”盖上了暖和的被子。

母亲看到女儿学得有模有样，好像受过专业训练一样，就开玩笑说：“嗯，我的女儿长大了要是当护士，一定很优秀哦！”话是这么说着，可是她心里并不希望女儿长大了真的当护士。因为在当时的英国，社会上有很多人看不起护士，他们感觉护理工作很脏，是个卑贱的职业。因而，只要稍有点身份的人都不会让自己的女儿去当护士。这个小女孩的母亲没有想到，她的这个女儿长大以后，果然成为了一名出色的护士，她就是后来被人誉为“白衣天使”的弗罗伦斯·南丁格尔。

南丁格尔从小就有慈爱之心，她小时候救活了邻居的一只小狗，从此，她深深认识到护理工作对生命的重要性，立志将来成为一个为病人带来幸福的人。做一个好护士，成为她生平的唯一夙愿。她向父母提出要去学护理知识，可是，父母认为她在语言上有才华，将来可以成为一名作家，跻身于上流社会。南丁格尔不顾父母的反对，毅然前往德国恺撒斯韦特接受护理训练。学成之后，南丁格尔于1853年受聘伦敦患病妇女护理会，担任督察职务。

1853年，在克里米亚战争期间，南丁格尔主动请缨，她率领38名护士亲赴前线。南丁格尔夜以继日地不停工作着，在黑暗的深夜，南丁格尔手持油灯巡视病房，无微不至地关爱每一个伤兵，伤兵们亲切地称呼她为“提灯女士”。

战后，南丁格尔一直致力于护理工作。1860年，南丁格尔用公众捐助的4400英镑南丁格尔基金，在英国圣·托马斯医院内创建了世界上第一所护士学校——南丁格尔护士学校，她在这里开始传授护理知识，因而被后世誉为现代护理教育的奠基人。

不为自己索要

爱是人类最美丽的语言，拥有爱心的女孩是最美丽的。

有一年，临近圣诞节的时候，美国一个公益机构发布消息将满足一些小朋友渴望得到圣诞礼物的愿望。于是，美国各州的许多小朋友都给圣诞老人寄去了明信片，向圣诞老人索要礼物。当邮局女工作人员黛妮在阅读这些明信片时，发现一个名叫苏珊的女孩没有给她自己向圣诞老人要礼物。

苏珊在明信片上写道："亲爱的圣诞老人，我想要的唯一礼物就是给我的妈妈一辆电动轮椅。她不能走路，两手也没有力气，不能再使用那辆两年前慈善机构赠与的手摇车了。我是多么希望她能到室外看我做游戏呀！你能满足我的愿望吗？爱你的苏珊。"

黛妮读完信，禁不住落下泪来。她立即决定为居住在巴宁市的苏珊和她的母亲维多利亚·柯莱尽自己的一些绵薄之力。于是，黛妮拿起了电话。接着奇迹般的故事就发生了：

首先，黛妮打电话给雷得伦斯市一家名为"行动自如"的轮椅商店。听了黛妮叙说的情况，商店经理奇迪·米伦达与位于纽约州布法罗市的轮椅制造厂——福拉斯公司取得了联系。这家公司当即决定给苏珊的妈妈赠送一辆电动轮椅，并且在圣诞节运送到她家，而且还要在车身上放一个作为圣诞礼物的红蝴蝶结。显然，他们是圣诞老人的支持者。

圣诞节的前一日，这辆价值300美元的轮椅送到了苏珊和她妈妈居住的一座公寓门前，在场的还有10多位记者和前来祝福的人们。

看到许多人真诚地关心她们母女俩，苏珊的妈妈哭了。她激动地说道：“这是我度过的最美好的圣诞节。今后，我不会再终日困居在家中了。”苏珊的妈妈是在一次车祸中致残的。由于她的脊椎骨骨节破裂，她必须依靠别人扶着坐上这辆崭新的轮椅，在附近的停车场上进行试车，整个试车过程也很顺利。看到妈妈开心地试车的样子，苏珊的脸上露出了灿烂的笑容。

赠送轮椅的福拉斯公司的代表奈克·得斯夸赞苏珊说：“你是一个一心想到妈妈而不是自己的好女孩。你的高尚行为使我们感到，应该为她做一些事。有时，金钱并不意味着一切。”

当天，邮局工作人员也赠送给这对母女一些过节的食品，以及给苏珊的显微镜、电子游戏机等礼物。随后，苏珊把其中一些食品包起来送给楼下的邻居。她解释说：“把东西赠给那些需要的人们，会使我们感到快乐。妈妈说过：‘应该时时如此，也许天使就是这样来考验人们的。’”

面包里的金币

诚实是人生的命脉，是一切价值的根基。诚实的人受人尊敬。女孩应该从小养成诚实的习惯。

有一个面包师，家境富裕，且乐善好施。有一年闹饥荒，面包师打算救济城里最穷的10个孩子。他告诉这些孩子，在每天傍晚，他们每人可以免费从店里的篮子里取走一块面包，直到来年收获新粮食为止。

于是，每到傍晚，这些饥饿的孩子就如约来到面包店里，争先恐后地去抢篮子里的面包，唯恐自己的那一块被别人抢走了。甚至几个男孩子仗着自己力量大，总是先抢走篮子里最大的那几块面包，全然不顾其他孩子的感受。而且他们拿起面包就吃，吃完了连一声道谢都没有就转身走了。

在这些穷孩子中有一个叫丽莲的小女孩，衣衫褴褛，每次到了店里，她都是先远远地站着，等那些争抢的孩子们散去了，她才拿起别人挑剩的一块面包，亲吻一下面包师的手后转身离去。

面包师曾经问她："看起来你也是那么饥饿，为什么不马上吃面包呢？"

丽莲回答说："母亲给修道院里送衣物去了，我要等她回来一起分享。"

有一天，丽莲又拿了一块最小的面包。回家后，她的妈妈切开面包两人惊奇地发现里面有一枚亮灿灿的金币！

母亲对女儿说："肯定是好心的面包师不小心把金币掉进去的，你赶快送还给他吧。"

丽莲拿着金币还给面包师，面包师说："诚实的孩子，这是我有意把它放进去的，这是对你的奖赏，这枚金币就属于你了！"

第四辑

有一种成长叫挫折

坎坷是最宝贵的精神财富

历经艰难的人是不会轻易气馁的。许多成功的人是从苦难中成长起来的。唯有乐观奋斗，才能不断进步，优越的环境反而容易使人玩物丧志，平庸无为。

美籍女作家萨拉·朱伊特的父辈是犹太人。萨拉出生于英国伦敦，后来随父母移居美国。萨拉小时候，家里生活极为贫困，她个人求学也是历经坎坷，这段经历被她视为值得记住的精神财富。

萨拉起初在白人学校里念书，她所在的班里，富家子弟占绝大多数。他们成天嘻嘻哈哈，不用心读书，时常欺辱穷人家的孩子。

有一次，上数学课，老师里约尔·琼向同学提问，希望哪位学生自告奋勇地到讲台前，计算出黑板上的一道数学题。可是，教室里一片寂静，没有一个人敢站出来走上讲台。

老师环顾四周，将目光紧盯着平常爱捣蛋的一个男生："约翰，站起来，这么简单的题你也不做吗？"

约翰只得走上讲台，试着计算了几次，却都做错了。

"唉！糟糕透了，这么简单的题也不会做！"老师心想。

突然，里约尔·琼老师的眼睛一亮，目光停在教室最后一排的座位上。一个瘦瘦的小手，怯生生地举过头顶。在老师的鼓励下，萨拉走上讲台，很快写出了答案。老师看了看黑板，高兴地说道："完全正确，萨拉，好样的！"她万万没有料到，就是这一句夸奖，给萨拉带来了麻烦。在回家的路上，萨拉遭到了约翰等富家子弟的殴打。

萨拉的父母非常伤心。父亲气愤地说："萨拉，他们这样狠心打你，你不要去读书了！"萨拉一听父亲说不让读书了，急忙摇着父亲的手说："爸爸，我要读书，您让我转学吧！"

她家附近除了这所白人学校，还有一所黑人学校。"难道你要去黑人学校读书吗？"她父亲难以改变固执的想法。

萨拉不安地说："爸爸，只好这样了，就让我到黑人学校读书吧！"

父亲实在不忍心拒绝她，就只好答应了。黑人学校条件实在太差了：教室里白天跟黄昏时差不多；老师不高兴就不来给同学们上课……但这一切都未能阻止萨拉求学的决心。

萨拉家里很穷，晚上一般不点灯。萨拉常常因晚上无法学习而苦恼。有一天晚上，萨拉躺在床上，翻来覆去睡不着。无意中她从窗口向外张望，远处一盏路灯令她豁然开朗。打那之后，萨拉每天晚上都要坐在路灯下看书。

14岁那年，萨拉的父亲劳累过度离开了人世。为了担负起整个家庭的重担，萨拉中途退学，经营父亲留下的小五金店。在这期间，萨拉边工作边自学。后来，她有了复学的机会，仅用一年时间便读完高中。不久，萨拉通过了芝加哥大学的奖学金考试，终于度过了最艰难的岁月。

去赢得一生的命运

在遇到困难的时候，要么是选择坚持，迎难而上；要么是寻找理由来说服自己选择放弃和逃避。但是，只有在逆境中不惧困难，敢于挑战自我的女孩，才能把困难踩在脚下，最终站在人生的巅峰。

莎娜不幸患了大脑性麻痹症，她身上的大部分肌肉都很难控制，以致她脸上的肌肉也显得比较僵硬，说话也存在着障碍。莎娜总是露出微笑，这对她这样的患者来说是很不寻常的，因而她那灿烂的微笑更加显示了她纯洁善良的天性。

人们经常看到莎娜拄着病残人使用的助步器，艰难地走在拥挤的学校走廊上。同学们大都不去主动和她说话，也许是因为她看起来和别人不一样，别的学生不知道该如何去接近她。于是，走在学校的走廊上，莎娜通常会主动打破沉默，大声而愉快地招呼一声："嗨，你好！"

那天，布朗老师布置的作业是背诵一首叫做《不要放弃》的三节诗，他只为这项作业确定了10分，他想大多数学生都不会去背诵它。当年，布朗老师自己还是个学生的时候，如果老师布置这样一个只值10分的家庭作业，他也许就会自动放弃它。因此，他也不能对今天的学生寄予太大的期望。

莎娜是布朗老师班上的学生，那一天，上课时，他看到她脸上的微笑与以往不一样，就多了一份担心，"不必担心，莎娜，"他在心里说，"它只值10分。"

到了检查作业时，布朗老师翻着花名册，依次点名让学生们站到讲台上背诵。果然被他料中了，学生们一个个地都背不出这首诗。"对不起，克劳斯先生，"他们的回答如出一辙，"反正它只有10分……不是吗？"终于在一种失望的心态下，布朗老师半开玩笑地宣布，下一个不能完整地背出这首诗的学生，必须趴在地上做10个俯卧撑。这是他从体育老师那里学到的"惩戒"手段。

令布朗老师吃惊的是，下一个学生是莎娜。她拄着助步器费力地走到讲台上，一字一字地开始费力地背诵起来，她在第一个小节的末尾出现了个小错误。布朗还没来得及说什么，莎娜就把助步器扔到了一边，开始做俯卧撑。

看到这一幕，布朗老师感到惊骇，急忙去劝阻说："莎娜，我只是说着玩儿的！"但是，莎娜还是做完了俯卧撑，取回了她的助步器，重新站在全班同学的面前，继续她的背诵。接着，她完整地背完了这首诗。那天能够完整地背出这首诗的只有少数几个学生，而莎娜就是其中之一。

当莎娜背完之后，一个男生大声问她："莎娜，你为什么要那么做呢？它只值10分而已。"

莎娜一字一顿地说："因为我想和你们一样——做一个正常的人！"

听到莎娜的回答，整个教室里顿时鸦雀无声。这时，另一个女生叫道："莎娜，我们都不是正常人，我们还只是十几岁的孩子！我们随时都会遇到困难的。"

"我知道。"莎娜说着，脸上露了灿烂的微笑。

那天，莎娜得到了属于她的10分。同时，她也得到了其他同学的喜爱和尊重。对莎娜来说，她赢得了她一生的命运，而不只是10分那么简单。

没有右脚的舞蹈家

世界上没有任何事情是不可能的，人间奇迹往往就发生在看似不可能的情况下。只要你坚持理想，在逆境中不灰心、不放弃，为了实现自己的理想而努力进取，即使你有这样或那样的不足甚至身体上有某些伤残，也阻碍不了你通往理想的步伐。

苏珊·费勒是一位著名舞蹈家，在她事业的巅峰时期，却不幸遭遇了车祸，她的右脚被迫截去了。对于舞蹈家来说，失去了一只脚无疑就意味着失去了整个事业。但苏珊却没有打算放弃她热爱的舞蹈事业。

在随后的几个月里，苏珊遇到了一位医术高超的医生，这位医生用在硫化橡胶中填充海绵的方法改进了假肢技术，为她量身定做了一只新假肢。装上假肢后，苏珊重返舞台的愿望也日益变得强烈和迫切。她心里明白，她必须重新练习跳舞，适应用假肢来表演。为了重返舞台，苏珊像当初学舞蹈时那样进行了艰苦的尝试，练习平衡、弯曲、伸展、行走、转身、旋转，每一个动作都使她疼痛难忍，但她每天都忍受着痛苦进行认真练习，一年后，她已经能够熟练地用假肢跳舞了。

随后，在每一次公开演出中，她忐忑不安地问父亲她在台上的演出效果如何，她父亲每一次的回答都是："你还有很长一段路要走。"听到父亲这样回答，苏珊没有气馁，这样又坚持两三年，她觉得自己已经完全感觉不出是用假肢在跳舞，演技已经恢复到了以前的水平。

终于，在纽约的一次演出中，苏珊以令人不可思议的舞姿震惊了所有的观众，她也因为这次演出的巨大成功而重新夺回了原本属于她的舞蹈皇后的荣誉。

当演出结束后，苏珊同样问父亲她在台上的表演如何，这次她父亲没有说什么，充满慈爱地看着她的假肢，眼眶里衔满了心疼的泪水。

苏珊奇迹般的成功极大地鼓舞了许多初学舞蹈的女孩，一些女孩问她："在近乎绝望的逆境中，您是如何战胜自己并最终取得成功的？"苏珊总是平淡地说："我经常告诫自己，坚持才能胜利！"

希拉里的故事

在人生的道路上，首先需要面对的就是困难和挫折，敢于战胜困难的人往往会站到成功的领奖台上，而畏惧困难的人最终则可能站在成功者的阴影里。

在希拉里4岁那一年，她家搬到了芝加哥郊区的帕克里奇。来到这个新地方之后，她想结识新的小伙伴。很快，小希拉里就发现，交新朋友并不是一件容易的事。每当小希拉里到外面去玩耍的时候，邻居的孩子们或嘲笑她，或欺负她，甚至有时还将她推来推去，她稍有反抗就会被推倒在地。每当这个时候，她总是哭着跑回家里，不敢再出家门。

在静静地观察了几周之后，希拉里的母亲对于女儿的遭遇了如指掌。有一天，当小希拉里又一次哭着跑回家的时候，母亲站在门口，挡住了她的去路，并大声对她说："回去！勇敢地面对他们，我们家里容不得胆小鬼！"小希拉里只得又硬着头皮走出了家门，她心里揣摩着如何在那些孩子面前"硬"起来，她甚至想到如何去抗争。小希拉里心里出现了微妙的变化，她感觉不再怕那些孩子了，于是就鼓起勇气朝着那些孩子走了过去。

这一举动让那些欺负她的孩子们大吃一惊，他们没有料到，这个小女孩竟然会这么快又回来，他们心里开始动摇了。最后，小希拉里终于靠自己的勇气赢得了新朋友。

在以后的岁月里，每当遇到困难与挫折时，希拉里都会鼓起勇气，大胆地迎接挑战。在大学时代，希拉里常常因为衣着朴素、样式落伍显得不合群，因为带着厚如瓶底的眼镜，她甚至自嘲说自己瞎得像一只蝙蝠。但是，这一切并没有妨碍希拉里的自信。大学毕业后，希拉里从事专业性很强的律师工作，靠着自己的才华她成为美国最出色的律师之一。希拉里刚过40岁，事业正处在巅峰时期，当她的丈夫克林顿赢得大选后，为了丈夫的事业，她选择了结束自己的律师生涯，做起了美国第一夫人。

在克林顿卸任总统后，希拉里五十出头才开始自己的政治生涯，迎接新的挑战。她依靠自己的智慧和才干，在公众面前展示了出色的政治才能，逐渐在政界崭露头角，树立了自己的政治威望。2000年，希拉里在纽约州成功当选联邦参议员，成为美国历史上第一位赢得此职的第一夫人。

2007年1月20日，60岁的希拉里用一句"我来了，我要赢"的口号，发出了要成为美国第一位女总统的誓言。迄今为止还没有任何一位女性出任过美利坚的总统。希拉里要问鼎总统宝座，其难度可以想象，但她仍然选择了前进。

虽然此后在民主党候选人提名中，希拉里失利，但她自信地迈出了历史性一步，这已经表明希拉里在信心上战胜了自己，也因此而赢得了世人的尊敬。

另一块金牌

与获得奥运会金牌一样，获得人生的金牌同样值得人们为之欢呼！而获得人生的金牌，需要不断进取的信念，坚韧不拔的意志，乐观向上的心态。

1955年，18岁的吉尔·金蒙特是美国著名女滑雪运动员，她的照片被用作《体育画报》杂志的封面。此时，她踌躇满志，积极地为参加奥运会预选赛做准备。她当时的目标就是得奥运会金牌，人们认为她一定能够成功。

然而，一场悲剧使她的愿望成了泡影。那是在奥运会预选赛最后一轮比赛中，吉尔没有料到，这一天雪道特别滑，她刚滑了几秒钟，身子一歪就失去了控制，像一匹脱缰的野马直往下冲。虽然她竭力挣扎着想摆正姿势，可终究无济于事，一个接一个的筋斗把她无情地推下了山坡。在场的人都被惊呆了，他们睁大眼睛，紧张地注视着这一幕。

当吉尔停下来的时候，她已昏迷了过去。人们立即把她送往医院抢救，虽然保住了性命，但双肩以下却永久性瘫痪了。

面对这一变故，再自责、后悔也不起什么作用，必须调整心态，正视现实。经过冷静思索，她认识到，活着的人只有两种选择：要么奋发向上，要么灰心丧气。吉尔选择了前者，因为她对自己的能力仍然坚信不疑。于是，千方百计使自己从痛苦中解脱出来，从事一项有益于公众的事业，以建立自己的新生活。

在接下来的几年里，吉尔经常与医院、手术室、理疗和轮椅打交道，病情时好时坏，但她从未放弃过对有意义的生活的追求。她历尽艰难，终于学会了写字、打字、操纵轮椅，还会用特制的汤匙进食。

病情好转后，吉尔在加州大学洛杉矶分校选修了几门课程，她想以后当一名教师。但在一些人看来，这可真有点不可思议，因为她既不会走路，又没接受过师范教育。她向教育学院提出申请，但系主任、学校顾问和保健医生都认为她不适宜当教师。因为录用教师的标准之一，是考生要能够上下楼梯，走到教室，可她做不到。

此时，吉尔的信念就是要成为一名教师，任何困难都不能动摇她的决心。1963年，她终于被华盛顿大学教育学院聘用。由于她教学有方，很快受到了学生们的尊敬和爱戴。

后来，吉尔的父亲去世了，她的全家不得不搬到曾拒绝她当教师的加利福尼亚州去。到了那里，她又向洛杉矶学校官员提出申请，可他们听说她是残障人就一口回绝了。但吉尔不是一个轻易就放弃努力的人，她决定向洛杉矶地区的90个教学区逐一申请。在申请到18所学校时，已有3所学校表示愿意聘用她。吉尔终于实现了人生的另一个目标，其重要意义比起奥运金牌来也毫不逊色。

走出失败的阴影

明智的人决不坐下来为失败而哀号，他们一定会乐观地寻找办法来加以挽救。一个人遭遇挫败并不可怕，想办法丢掉心理包袱，走出失败的阴影，就能重新回归成功的道路。

诸宸7岁的时候开始接触国际象棋，她12岁就夺得了世界少年锦标赛冠军，成为中国国际象棋史上第一个世界冠军。此后，她又连连夺得各种国际赛事的桂冠。

1995年，当清华大学对诸宸敞开大门时，她毫不犹豫地选择了中文系。后来，诸宸又带着四年的中文学分，转到了经济管理系。

前面这一段人生岁月，诸宸可以说是事业顺利，学业有成，一路风光。

2000年12月，在印度举行的世锦赛上，诸宸碰到了来自美洲大陆的冠军LKRUSH，其英文名字译成汉语就是：我要摧毁你！

这个名字给人一种杀气腾腾的感觉，而为人、棋风一向都平和的诸宸，对此完全没当回事，她念着这个过于直白的名字，还笑了起来。

可是没有想到，比赛刚进入第二盘，诸宸就输了——而且

在比赛的第一轮被淘汰出局。十多年来，诸宸经历过各类的比赛场面，还没有一次像这次输得这么窝囊。

诸宸输棋后坐在棋桌前许久才站起来，口中念念有词："LKRUSH，KRUSHL……"

此后，从国外至国内，在差不多半年的时间里，诸宸下棋总是输多赢少，心理脆弱到不敢轻易去触摸国际象棋，甚至她跟一些少年棋手下棋也会输得一塌糊涂。

有许多的理由叫诸宸不要再一蹶不振了，但她就是找不到爬起来的勇气。

有一次，诸宸坐在教室里听课。经济管理专业的老师给同学们讲了一个概念——"沉默资本"。打个通俗的比方，如果你去看电影，到了电影院门口却发现忘带票了，这时你应该重新买一张票，而不是再回去找原来的那一张。因为前边你准备的一切都已经成了"沉默资本"，被浪费掉了。

由这个道理推及下棋，你可能下错了一步"臭棋"，但只要静下心来，就算输掉一两盘棋也不要紧，一场比赛要下十来盘呢，只要不影响下

一盘棋就还有可能取胜。

诸宸理解了其中的道理，决定丢掉心理包袱，走出失败的阴影。2001年9月，她重新整装出发，在国际赛事中连创佳绩。同年12月，荣膺女子世界锦标赛冠军。

懒惰是个可爱的贼

如果你已播下良种，又赶走了人的惰性，那么你就不可能没有良好的收获。

很久以前，在一个偏远的小镇上，有三个人坐在一个小旅店的外面。他们看见一个送葬的队伍经过，便让一个在小旅店工作的年轻人去打听打听是谁死了。那小伙子回来说："是你们的老朋友，名叫'成功'，他被一个看起来挺可爱的名叫'懒惰'的贼悄悄地谋杀了。"三人中年龄最大的人转过身，对他的两个朋友说："这个叫'懒惰'的家伙到底是谁？为什么人们都讨厌他，他又为什么要谋杀人类？咱们一起去找'懒惰'，然后把他干掉，免得他再害人。"于是，他们打算去找"懒惰"，终止他的罪行。

他们走进小旅店，向旅店老板打听到哪儿才能找到那个叫"懒惰"的家伙。那个老板说："沿着这条路走5公里，有一个村庄。最近，那里流行一种瘟疫，男女老少都吃了睡，睡了吃，根本无心做事。我敢肯定，在那个倒霉的地方，你们一定能找到那个叫'懒惰'的家伙。"

三个人朝那个村庄出发了，他们精神抖擞，情绪高昂。他们刚刚走了3公里就碰上了一个相貌丑陋的老太太。他们嘲笑那老太太的皱纹和她的偻缕灰发，还取笑她的脏乱的衣服，尽管老太太神色惊慌，可是他们还是挡住她的路，不放她走。

“求求你们，给我让条路吧。”老太太哭泣道，“我告诉你们，‘懒惰’正在追缠着我，想杀死我，我必须逃掉，才能活下去。我不想死，赶快把路让开。”

“我们不会让开路的，”那个领头的人说，“快告诉我们到哪里才能找到那个叫‘懒惰’的家伙？他杀了我们的好朋友‘成功’，等我们找到他，我们一定要把他碎尸万段。”

那老太太说：“先生们，如果你们真想找到‘懒惰’的话，只要跑到那山顶上，看到一座红房子，你们就能找到他。”

三人听到这话，就放老太太走了。

他们跑上山走进那座红房子里，并没有发现‘懒惰’，却发现那座红房子简直就是天堂。房子里面有精美的食物，有无数好玩的器具，有舒适的床铺，有漂亮的衣服，有用不完的金钱。在这里什么都不用做，只有享不尽的荣华富贵。三个人开心地看着这一切，很快就把寻找“懒惰”的事忘得一干二净。

从此以后，三个人什么也不做，只是吃喝玩乐，尽情享受。渐渐地，他们身体长得肥胖了，精神变得颓废了。由于什么都不愿做，疾病也渐渐缠上了身，但他们谁也不愿放弃这种舒适的生活，他们每天和那个看起来挺可爱的“懒惰”成了形影不离的好朋友。

有一天，他们突然看到“死亡”正微笑着走来。他们惊慌地想离开，而“懒惰”却紧紧地压迫着他们，不让他们动弹。就这样，三个人都被“死亡”带走了，和那个被“懒惰”杀死的“成功”埋在了一起。

打开另一扇窗

这个世界上，从来没有什么真正的“绝境”。当挫折接连不断，当失败如影随形，当命运之门一扇接一扇地关闭，我们永远也不要怀疑：总有一扇窗会为你打开。

张丽刚刚从祖父手中继承了美丽的“森林庄园”，一场雷电引发的山火就将其化为灰烬。面对焦黑的树桩，张丽欲哭无泪。年轻的她不甘心百年基业毁于一旦，决心倾其所有也要修复庄园，于是她向银行提交了贷款申请，但银行却无情地拒绝了她。接下来，她四处求亲告友，依然是一无所获……

所有可能的办法全都试过了，张丽始终找不到一条出路，她的心在无尽的黑暗中挣扎。她知道，自己以后再也看不到那郁郁葱葱的树林了。为此，她闭门不出，茶饭不思，眼睛熬出了血丝。

一个多月过去了，年已古稀的外祖母获悉此事，意味深长地对张丽说：“孩子，庄园成了废墟并不可怕，可怕的是你的眼睛失去了光泽，一天天地老去。一双老去的眼睛，怎么可能看得见希望呢？”

张丽在外祖母的劝说下，一个人走出了庄园，走上了深秋的街道。她漫无目的地闲逛着，在一条街道的拐角处，她看见一家店铺的门前人头攒动，她下意识地走了过去。原来，是一些家庭主妇正在排队购买木炭。那一块块躺在纸箱里的木炭忽然让张丽眼睛一亮，她看到了一线希望。

在接下来的两个多星期里，张丽雇了几名烧炭工，将庄园里烧焦的树加工成优质的木炭，分装成箱，送到集市上的木炭经销店。结果，木炭被一抢而空，她因此得到了一笔不菲的收入。

不久，她用这笔收入购买了一大批新树苗，一个新的庄园又初具规模了。几年以后，“森林庄园”再度绿意盎然。

从职员到作家

女孩在社会上立足，靠的是真才实学，“吃青春饭”是难以持久的。只有美好的愿望不可能使自己的梦想成真，要想成功就需要付出实际行动，不断进取，努力提高自己的知识和技能，这样才永远也不会被社会淘汰。

女作家莫妮卡·皮茨原来在德国科隆的一家名牌服装公司任职，她曾经当过一年半的营销经理。

那时，莫妮卡·皮茨二十出头，每天在公司里只是处理一些杂事，她感觉越来越无所事事。于是就想调换一个工作岗位，但却遭到了上司的拒绝。

后来，公司解雇了莫妮卡·皮茨。此前，她从来没有想过失业会降临到自己头上。失业了就得面临着生活的压力，她一时也不知道除了营销之外还能做什么。

一天，莫妮卡·皮茨从报纸上看到一份广告，广告的内容是销售笔记本电脑，她感觉笔记本电脑也不贵，还额外赠送许多东西，很快就订购了一台。

有了笔记本电脑，莫妮卡·皮茨就经常用它写一些故事，这些故事是她想了很久的。写作的过程使她感觉愉快，也缓解了失业给她带来的精神压力。

起初，莫妮卡·皮茨写作只是为了自己，也不打算发表它。对她来说，重要的是尝试在哪方面她还有长处。在过去几年里，莫妮卡·皮茨一直没有时间进行这种尝试。

半年之后，莫妮卡·皮茨完成了小说书稿，并把它寄给两家出版社。不久，其中一家出版社拒绝了她的作品。

莫妮卡·皮茨没有失望，继续写作，然后再寄送书稿。后来，另外一家出版社便成功出版了她的作品，从此，莫妮卡·皮茨成为一名非常受欢迎的小说家。

逆境成就香奈儿

人生的困难要靠自己克服，成功的障碍要靠自己冲破，别在你的人生字典里找“难”这个字。

香奈儿出生在法国西南部的索米埃小镇上，她的母亲没有结婚便生下了她。当时，由于这个特殊的身份，她和她的母亲饱受人们的歧视和羞辱。从小到大，她从没有得到过父亲的爱。在她6岁那年，母亲突然去世了，她被迫进了孤儿院。

孤儿院里的生活是非常清苦的，香奈儿忍受着耻辱，每天像囚犯一样干着非常繁重的体力活儿。但这种困境也锻炼了她的意志力和忍耐力，并使她练就了一手超长的缝纫本领。

16岁时，香奈儿冒险逃离了孤儿院，独自来到远离家乡的穆兰小镇上。起初，她为了吃饭，她以卖唱糊口。在现实生活中，她备受歧视，不得已，为生计到处奔波，受尽了磨难。

就在香奈儿几乎陷入绝境的时候，她在孤儿院里练就的缝纫本领救了她——她找到了一份在服装用品店的工作。出色的手艺使她一下子成了小镇上的名人。

后来，在朋友的帮助下，香奈儿来到了巴黎，并且开了一家帽子店。她利用自己的聪明才智和精巧的手艺，改造了当时流行的帽子款式，创造出风靡一时的“香奈儿帽”。

虽然，香奈儿的帽子店很小，但由于她的苦心经营，却大获成功。香奈儿的非凡之处在于，她能发挥自己的聪明才智领导潮流，凡是经过她设计的衣服，立刻就会成为时尚。

随着事业的扩大，香奈儿把帽子店改成服装店。

这时，香奈儿已经从困境中走出来了，但她没有停止奋斗，她的才能得到淋漓尽致的发挥，随后，她接连发明了一系列香水，被誉为“香水之王”。

罗　桑

知识改变命运。女孩如果想摆脱穷困，要做的第一件事就是勤奋读书，进而获得改变自己前途命运的智慧和力量。

罗桑在童年被人收养，几乎没上过学。收养她的家庭多次发生变故，她的童年是在忧愁中度过的。

后来，出于无奈，罗桑与人结了婚，有了两个孩子。可就在第二个儿子降生后不久，丈夫遗弃了她。罗桑陷入极度沮丧之中，一度失去了生活的勇气。

罗桑和孩子长期居住在贫民区的一间破屋子里，似乎他们这一生注定要陷入贫穷、绝望的生活，甚至走向犯罪的深渊。但罗桑决心让两个孩子改变生活状态，寻找新的出路。虽然两个孩子从小就没有受过正规教育，但她要求他们每周只能看两次电视，其余时间必须用来读书。

为了督促孩子用心读书，罗桑要求他们每周把读过的书复述出来，并写出读书心得并念给她听。此外，两个孩子还要轮流念她感兴趣的《荒漠甘泉》的片段，然后给她解释其中的意思。

经过几年的辛勤培养，罗桑的两个孩子都考上了大学，而且，她不用担心交不起学费，因为他们分别被重点大学录取，并获得了奖学金。

这时，罗桑看到了多年来教育孩子的丰硕成果。她更加确信，她的人生也能够通过教育得到改善。于是，她决定身体力行。当她的两个儿子升入大学深造之后，她也回到学校，接受初级教育课程。

在两个儿子的帮助下，罗桑提高了阅读和写作能力。由于受到了教育，获得了一定新的知识，罗桑辞去了原来的工作，最终成为一位室内装饰专家。

叛逆少女

人生的道路上难免出现意料不到的困难，只要你满怀希望，积极上进，天大的困难也挡不住你奔向理想的脚步。

玛丽娅·路易斯小时候不会阅读，更谈不上写作了，医生们断定她智力迟钝，听了医生的这个结论，她的父母觉得女儿能完成中学学业就不错了，根本不敢奢望她能够上大学。

玛丽娅·路易斯还是少女时，性格叛逆，行为反常，在学校里经常惹是生非，一些同学称她是“无可救药的家伙”。她也因打架滋事被送去教养两年。

在教养所里，玛丽娅·路易斯逐渐懂事了，明白了青春的珍贵，于是开始奋起学习。她每天伏案看书16个小时。两年下来，在他从教养所出来时，她终于取得了高中毕业证。

但厄运却接踵而至。离开教养所后不久，玛丽娅·路易斯未婚先孕，接二连三的打击几乎摧毁了她好不容易才获得的阅读和写作能力。好在有父亲的无私帮助，玛丽娅·路易斯重新振作起来，将失去的时间又追了回来，她的阅读和写作能力得到了很大提高，自信心越来越强了，也开始为社会做一些善事，她在家里极度拮据的境况下，收养了7个孩子，靠微薄的收入供养全家人的生活，其艰难程度可想而知。

在这期间，玛丽娅·路易斯边工作边读书，夜晚在社区的学校学习课程，结业后她又考入奥班尼医学院，获得继续深造的机会。

1984年春，玛丽娅·路易斯气度非凡地走进了举办毕业典礼的会堂。当她伸手接过那蕴含着她的自信与坚韧的证书时，没有人能猜出玛丽娅·路易斯心中的万千涟漪。这一纸证书向整个世界宣告：这里，在这个星球上一处不起眼的地方，站着一个敢于执著于梦想的人——玛丽·路易斯医学博士。

黑暗之后就是黎明

要想让麦粒生长、结实，必须把它种植在黑暗的泥土中，你的失败、失望、无知、无能便是那黑暗的泥土，你须深深地扎在泥土中，等待成熟。

黛安娜在维伦公司担任高级主管，待遇优厚。很长一段时间，她都为到底去什么地方度假而烦恼。但是情况很快就变得糟糕起来，为了应对激烈的竞争，公司开始裁员，而黛安娜则是被裁掉的一员。那一年，她已经43岁了。

从学校毕业之后，黛安娜在事业上还算顺利，虽然没有什么特长，但她在市场销售上积累了不少经验和客户。在她30岁的时候，开始在维伦公司担任高级主管职务。她原以为一切会这样继续下去，谁知道在她中年的时候却失业了。黛安娜的情绪糟糕透了，她感觉好像有人对着她的鼻子重重地打了一拳。

失业后的一段日子里，黛安娜还是难以接受自己失业的事实，她每天躲在家里不敢出门，因为每当看到忙碌的人们，她都会觉得自己没用。她的脾气也越来越大，孩子们也越来越怕她，情况似乎越来越糟糕。

就在这时，转机突然出现了。一个月后，一个出版社的朋友询问黛安娜如何向化妆业出售广告，这是黛安娜擅长的东西。她重新找到了自己的方向，为很多上市公司出谋划策。

两年后，黛安娜已经拥有了自己的咨询公司。她已经不再是一个打工者，而成了一个总经理，收入自然也比以前多了很多，精神面貌焕然一新，她的家庭生活也恢复如常。

在一次关于失业的演讲中，黛安娜真诚地对听众说："被裁员是一件糟糕的事情，但那绝对不是地狱。也许，对你自己来说，可能还是一个改变命运的机会，比如现在的我。重要的是如何看待，我记得那句名言：'世界上没有失败，只有暂时的不成功'。"

在逆境中成长

如果桑叶、黏土、柏树、羊毛经过人的创造，可以成百上千倍地提高自身的价值，那么你为什么不能使自己身价百倍呢？

1920年，美国田纳西州的一个小镇上，有个小姑娘出生了，她是妈妈未婚先育的孩子，她的名字里没有父亲的姓氏，妈妈只给她取了个小名，叫黎莉。

黎莉小时候，就感受到别人都对她投来异样的目光，小伙伴们也不愿意跟她玩。上学之后，因为她是一个没有父亲的孩子，老师和同学还是以鄙夷的眼光看她，觉得她是没有教养的孩子。

在这种环境下，小黎莉自我封闭，不愿意与人接触，于是变得越来越懦弱和孤独。

黎莉13岁那年，镇上来了一个牧师，从此，她的一生开始发生变化。

因为她懦弱、胆怯、自卑，所以她认为自己没有资格进教堂，但是她又想和别人一样，进去听牧师讲经。

一天，黎莉等别人进了教堂以后，鼓起勇气，偷偷溜了进去，躲在后排的长凳子上，她想在散场时趁别人还没有发现她，就赶快逃出来。

就这样，有了第一次，就有第二次、第三次……就她心里来说，去教堂偷听，是她感到快乐的事情。但是，牧师几句激动人心的话，更是让别人改变了对她的看法。

有一次，黎莉听得入迷了，忘记了时间，也忘记了自卑和胆怯，直到教堂的钟声敲响了，她才意识到，该散场了。可是已经来不及抢先“逃”

走了。

离开的人们堵住了她迅速出逃的过道，她只得低头尾随在他们身后，慢慢地朝门口移动。突然，小黎莉感觉有一只手搭在她的肩上，她惊慌地顺着这只手臂望去，发现原来这个人正是牧师。

牧师温和地问她："你是谁家的孩子？"

小黎莉被这突如其来的举动惊呆了，她不知所措，眼里噙着快要掉下来的泪水。

这位牧师是一个好人，他的脸上立即浮起慈祥的笑容，马上说道："噢！我知道了，我已经知道你是谁家的孩子了，你是上帝的孩子。"

牧师抚摸着小黎莉的头，对着正要起身离去的听众，高声说道：

"这里所有的人和你一样，都是上帝的孩子！过去发生的一切不等于未来，不论你过去是怎样的不幸，这都不重要！人生重要的不是你从哪里来，而是你要到哪里去。无论你过去怎样，那都已经过去了。只要你对未来充满希望，乐观积极地行动，你就值得人们尊重。"

话音刚落，教堂里爆出了热烈的掌声。掌声包含着理解和歉意，也包含着承认和欢迎。此刻，压抑在小黎莉心灵上的坚冰瞬间溶化了。

整整13年了，黎莉终于抑制不住内心的激动，眼泪刷刷地流了出来。

从此，黎莉的心态发生了变化。后来，她成功当选为美国田纳西州州长。

在漂泊中成材

家庭是无法选择的，不稳定的生活状态也难以避免，但对未来的信念和对事业的追求绝不能因此而消退。

与当今风头正劲的美国国务卿希拉里相比，美国第一位女国务卿奥尔布赖特的影子已渐渐成为过去时。

这位有着“铁娘子”之称的女人，正过着她所向往的普通生活，但是，没人能否认奥尔布赖特在美国政坛上的价值，她曾被美国媒体称为“与克林顿总统珠联璧合，创造了一个时代”。奥尔布赖特事业成功的背后，也经历过长年漂泊的岁月。

奥尔布赖特出生在布拉格的一个外交官家庭，本名玛德琳卡·考贝尔。在她两岁的时候，纳粹德国入侵捷克斯洛伐克，她一家从此开始了长达6年的逃亡生活。到了1941年春季，德国人对英国的轰炸不断升级，伦敦已不适宜居住，她一家又搬到了乡下。

两年后，奥尔布赖特开始在因戈玛学校上一年级。每个学生都携带一个装有防毒面具的小铁箱，即使是离开教室，孩子们也一直带着它。晚上，由于空袭频繁，她一家不得不躲入防空洞。

“第二次世界大战”结束后，奥尔布赖特一家又飞往贝尔格莱德。她的生活从此变得异常孤独，基本上没什么玩伴。

10岁时，奥尔布赖特表现出学习上的天赋，学习成绩远远超过了同年龄段的孩子。可是，由于她年龄小，不具备升级的资格，父母决定把她送到瑞士的一所学校学习。由于当时她患了皮疹，比其他学生晚两个星期到校，秋季学期已经开学，她在那里几乎没有一个朋友。圣诞节的时候，她也没能够像其他孩子一样回家和父母团聚，而是被送到附近的德语学校，并吃住在那里。

随着时间的推移，奥尔布赖特的父亲和捷克政府的隔阂越来越深，1948年，她的父亲叛逃了，伦敦再次成为她一家的避难所。后来，父母带着奥尔布赖特来到了美国，在纽约市郊安顿下来。

在那里，奥尔布赖特不仅口音听起来跟别人不一样，穿着打扮也不同。外套不是太宽就是太窄，裙子不是太宽就是太长，从来没有合身的时候。她的同学偶尔举行少男少女聚会，但她从来不参加，她的父母对美国孩子习以为常的聚会不以为然。

在美国的第一学年结束时，奥尔布赖特小学六年级毕业。她一家又一次收拾行囊，去了美国西部。她先后在丹佛南区的莫雷斯初级中学和肯特女子中学度过了中学时代。

高中毕业前，奥尔布赖特同时向5所大学发出入学申请，一周之内，她被5所大学同时录取，其中韦尔斯利女子学院为她提供了最高的全额奖学金，还替她出了到学校的路费。初到韦尔斯利女子学院时，奥尔布赖特看上去跟其他新生没什么两样，除了鞋面蒙上了一层尘土外——这是她跨越一半国土长途跋涉的证明。在韦尔斯利女子学院，她终于结束了自己颠沛流离的生活。同时，那些忙碌而充实的时光也对她后来的成就产生了极为深远的影响。

从到校的第一天起，奥尔布赖特的认真劲和上进心给老师们留下了很深的印象。她渴望成为一名新闻工作者，经常给《韦尔斯利新闻报》撰稿，作为一名热衷于美国政治的学生，她几乎是她父亲的翻版。同时，这也为她后来成为美国历史上第一位女国务卿打下了基础。

从保姆到将军

无论你出身什么家庭，只要你勤奋上进，刻苦学习，依靠自己的知识和才能，你就可以改变命运。

盖尔·里尔斯出生在美国纽约州一个普通的工人家庭里。父亲长期失业在家，而且嗜好饮酒和赌博。母亲是一位纺织工，宽厚仁慈，坚强地支撑着这个家。

由于家境十分贫寒，里尔斯从少年时期起，每天都要出去捡破烂卖钱，然后如数交给母亲以弥补家庭的开支。她初中没念完就被迫辍学了。

后来，经人介绍，里尔斯到一位海军少将家当保姆。从此，她一个人干两个人的活儿，洗衣、买菜、做饭，样样都要做。

20世纪40年代末，年满21岁的里尔斯加入了美国海军陆战队。在几乎清一色的男兵中，她是仅有的两名女性之一。起初，里尔斯只是想体验一下军队生活，争取将来找个好工作。

然而，面对严格的训练和艰苦的环境，里尔斯在眼泪和汗水中坚持了下来。后来，她被分配到陆战队的资料室从事打字工作。依靠没念完的初中文化，她要干好这份工作是很难的。可是，生性倔犟的里尔斯没有选择退缩。

里尔斯聪慧好学，开始夜以继日地背诵生字单词，没有多长时间，她练就了一手娴熟的打字技巧。里尔斯勤奋上进的精神深得上司的赏识。不久，她被送到一所秘书学校学习。里尔斯非常珍惜这个学习机会，在学习期间，她勤奋用功，自己的知识和技能得到了明显的提高。

此后，不论是赴欧洲学习，还是在海军陆战队基地任职，里尔斯从不虚度光阴，经常利用节假日读书，汲取知识营养，弥补自己文化上的欠缺。

经过将近20年的勤奋学习和努力奋斗，里尔斯在快过40岁生日时，终于脱颖而出，担任美国海军一所学院副院长。两年后，她的军衔由上校晋升为准将，成为美国海军陆战队某基地首任女司令，终于实现了少年时的梦想。

白手起家

自信是一位成功女性不可或缺的基本素质之一。每个女孩都想做一番轰轰烈烈的事业，但是，通往成功的道路不是一帆风顺的。遇到困难和挫折，自信的女孩就能勇敢地面对，毫不退缩，直至达到自己的目标。而缺乏自信的女孩在遇到困难时往往畏缩不前。

多年前，美国俄亥俄州一位报纸专栏作家露丝·马肯尼和妹妹一同到曼哈顿闯天下。露丝曾写了一系列描述她们坎坷经历的文章，刊登在《纽约客》杂志上。稍后这些故事被改编成了音乐剧，后来又被改编成为百老汇的歌舞剧，剧名叫做《奇妙的城镇》。在剧中，露丝唱道："为什么，为什么哟，为什么我要离开俄亥俄？"

这出经典歌舞剧一向为莫瑞儿·西伯特所喜爱，这位女士本身就是现实版的只身闯天下的例子。西伯特小姐从不唱追悔的歌，她说："我20多岁就离开了俄亥俄州，当时我除了一辆破车之外，就只有牛仔裤里的500美元了。然而那是我一生中最值得骄傲的一次人生抉择了。"

西伯特在职业生涯中有过不少值得自豪的决定，但最明智的可能莫过于创立了自己的事业。那就是今天位于纽约市的莫瑞儿·西伯特公司，那是全美最成功的经纪公司之一。

当年，西伯特离开家乡俄亥俄来到了纽约，放弃了一份周薪75美元的会计工作，在一家经纪公司做了一名周薪为65美元的实习员。于是她成为一名房产分析员。后来，西伯特跳槽到另一家经纪公司。有一天，她接到一个客户公司打来的电话，这位客户告诉西伯特，由于她所写的报告，他们公司赚了一大笔钱，所以他们欠她一个订单。就这样，西伯特得到了她的第一个订单。但是，西伯特并不以此而满足，她努力想获取一家大型经纪公司的合伙资格，却遭到对方的拒绝，只因为她是女性。于是，西伯特决心创立自己的事业。她当时给自己的座右铭是："放手去做吧！"而这句话对现在正准备创业的女孩来说，也是非常适合的。

创业初期，西伯特根本没有能力租赁办公室，幸好她以前的一个客户公司给她提供了一个小间房，当做她的办公室。西伯特就在这个临时的办公室里努力开始了自己的事业。在西伯特的努力下，她向银行借了30万美元，又筹措了14万美元，然后用44万美元在纽约证券交易所买了一个席位。结果在6个月之内，西伯特就收到了高额的回报，搬出了那个临时的办公室，走进了她自己精致的办公室。

现在，西伯特在纽约证券交易所拥有一个席位。而且，她是这个交易所里第一个拥有席位的女性。西伯特常被尊称为"金融界的第一女士"。因为她所在的金融行业中，几乎是男性掌权的天下，没有人会让一位女性加入男性掌控的"金融俱乐部"，所以西伯特必须开创自己的事业。

经过多年不断地奋斗，西伯特创立的莫瑞儿·西伯特公司今日已是一家价值数百万美元的公司了。莫瑞儿·西伯特终于实现了她的理想。

挫折面前

自信的女性是依靠自己的精神力量去实现人生目标的。一个成功的女性，首先是因为她的自信。所以有一位名人说，自信是成功的一半。女孩如若没有充分认识到这一点，是不会成功的。

很多女孩都曾试图宽慰自己："我已经尝试过了，不幸的是我失败了。"其实她们并没有搞清楚失败的真正含义。

翻阅成功人士的人生履历，我们可以发现，大部分人在实现理想的奋斗中都不会一帆风顺，难免会遭受一些挫折和不幸。但是成功者和失败者之间一个非常重要的区别是，失败者总是把挫折当成失败，从而使每次挫折都能够深深打击其追求胜利的勇气；而成功者则从不言败，在一次又一次挫折面前，总是对自己说："我不是失败了，而是还没有成功。"一个暂时失利的人，如果继续努力，打算最终夺取胜利，那么一时的失利就不是真正失败。相反，如果一个人失去了再次战斗的勇气，那就是彻底输了！

美国著名电台广播员莎莉·拉菲尔在她30年的职业生涯中，曾经被辞退18次，可是她每次都放眼高处，为自己确立一个新的奋斗目标。最初，由于美国大部分无线电台认为女性不能吸引观众，没有一家电台愿意雇用她。莎莉好不容易在纽约的一家电台找到一份差事，不久又被辞退了，对方说她跟不上时代了。

虽然遭受这一挫折，但是，莎莉并没有因此而灰心丧气。她总结了自己失败的教训之后，又向国家广播公司电台推销她的访谈节目构想。这家电台勉强答应了，但提出要她先主持一档新闻节目。莎莉说："我对时政所知不多，恐怕很难成功。"而这个难得的机会已经容不得她再犹豫了，坚定的信心促使她大胆去尝试。因为莎莉对广播早已是轻车熟路了，于是她利用自己的长处和平易近人的作风，畅谈即将到来的美国独立日对自己有何种意义，还邀请部分观众打电话来分享他们的感受。听众立刻对这个节目产生了兴趣，莎莉也因此而一举成名了。

如今，莎莉·拉菲尔已经成为电视节目著名主持人，曾两度获得重要的主持人奖项。她说："我被辞退18次，本来会被这些厄运吓退，做不成我想做的事情。结果相反，我让它们鞭策我勇往直前。"

大人物的演说

人生难免会遇到不如意的情况，关键是要以一种积极的心态、坚定的信念去面对，从容地应对每一个挫折和磨难。

有一天，美国南卡罗来纳州一所大学里，不少学生听说，将有一个“大人物”来他们这里发表演说。

果然，学生传说的那位“大人物”来了。

演说当天，整个礼堂都坐满了兴高采烈的学生，他们都对有机会聆听到“大人物”的演说兴奋不已。

演说开始前，州长做了简单的致辞。

接着，一位气质优雅的女士走到麦克风前，她用眼光环视了台下的听众，沉稳、自信地说道：

“我的生母是聋哑人，因此她不会说话。我不知道自己的父亲是谁，也不知道他是不是还在人间。我这辈子找到的第一份工作，是到棉花田去拔草。”

台下的学生们全都听呆了。

……

这位女士继续说：“如果情况不如意，我们总可以想办法加以改变，”她提高了嗓音，“一个人的未来会怎么样呢？绝不在于因为生下来的状况如何！”

她以坚定的语气往下说：“一个人如果想改变眼前的不幸处境或者不尽如人意的情况，只要回答一个简单的问题：‘我希望情况变成什么样？’然后全身心投入，采取行动，朝着自己确定的目标前进！”

随后，她的脸上绽放出端庄的笑容：“我的名字叫阿济·泰勒·摩尔顿，今天我以美国财政部长的身份，站在了这里……”

演说完毕，整个礼堂掌声雷动。

阿济·泰勒就是那位“大人物”，她的演说让学生们深受感动。

再前进一步

人生道路上有荆棘，也有险滩，身有残疾的人比健康的人走起来更艰难，只要有信心和毅力，保持积极乐观的心态，残疾就不会是成功的障碍。

芬妮·埃里克森曾是美国跳水运动员，由于发生了一次跳水事故，她身负重伤，全身瘫痪。躺在病床上，她辗转反侧，怎么也摆脱不了那场噩梦，她经常会想：为什么跳板会滑？无论亲朋好友怎样开导她、安慰她，她总认为命运不公。

出院后，芬妮叫家人把她推到跳水池旁，注视着那蓝盈盈的水波，仰望高高的跳台，她却再也不能站立在跳板上了。想到这些，她掩面哭了起来，就这样，她告别了自己的跳水生涯。

在随后的日子里，芬妮曾经绝望过，但每次都会冷静下来。她需要冷静思索人生的意义和生命的价值。她让家人借来许多介绍前人如何成才的书籍，认真读了起来。虽然她双目健全，但读书也是非常艰难，只能靠嘴衔一根小竹片去翻书，劳累、伤痛常常迫使她停了下来。休息一会儿，她又开始读了起来。

通过大量阅读，芬妮终于领悟到，许多人身体有残疾之后，却在另外一条人生道路上取得了成功。比如他们有的成了作家，有的成为社会活动家，有的成为慈善家……

“我为什么不能呢？”

“我为什么不能成为画家呢？”她想到了自己中学时代曾喜欢画画，就拿起中学时代曾经用过的画笔，用嘴咬住画笔练习。

芬妮用嘴画画，她的家人都未曾听说过这种方法可以作画。他们怕她不成功而伤心，纷纷劝她放弃：“芬妮，别那么死心眼了，哪有用嘴画画的，你就像往常那样生活吧。”

可是，家人的劝说话反而激起了她学画的决心，她更加刻苦了，经常累得头晕目眩，汗水和泪水常常把画纸都打湿了。为了积累素材，芬妮还要乘车外出，拜访知名画家。这是一个十分艰辛的过程。辛勤劳动没有白费，许多年过去了，她的一幅风景油画在一次画展上展出后，得到了美术界的好评。

后来，不知为什么，芬妮又想到要写作。她的家人及朋友认为，她的绘画已经很不错了，写作会使忍受更大的痛苦，纷纷劝她放弃。但芬妮仍旧不为所动。她想起一家刊物曾向她约稿，要她谈自己学绘画的经过和感受。于是，她用了很大力气去写作，可稿子还是没有写成，这件事对她刺激太大了，她意识到，她的写作水平太差，必须一步一步地提高。

经过许多艰辛的岁月，这个美丽的梦变成了现实。1976年，她的自传《芬妮》出版了，该书出版后，她收到了数以千计的读者来信，对她表示钦佩和关心。又过去了两年，她创作的《再前进一步》又问世了，芬妮以亲身经历，告诉残疾人怎样战胜病痛立志成才，后来被搬上了银幕，成为青少年励志的榜样。

红绿灯

人处于逆境的时候，只不过是遇上了人生的十字路上的红灯而已。当你成功的时候，不要忘记人生道路上还有红灯；当你失败的时候，要意识到前边可能就要变成绿灯了。

从孩提时，命运之神就好像跟苏萨娜过不去。她4岁那年，父母在一次车祸中去世了，她被寄养在一个远房的舅舅家里。但小苏萨娜很懂事，学习非常用功，成绩一直很优秀。

苏萨娜中学毕业后，考上了以色列一所名牌大学。但她毕业那年，经济不景气，她四处奔波寻找机会，但找到的工作都不稳定，待遇又很低。无奈之下，她移民来到了美国谋生。

初到美国，苏萨娜人生地不熟，一个多月下来，跑了很多地方，工作仍然没有着落，让她压力倍增，她经常感觉到心情沉重。

苏萨娜每次从外面回来，房东老太太总会热情地招呼她。看到她沮丧的样子，老太太常常安慰说："事情没有你想的那么糟糕，一切都会好起来的。"

每次听到这些话，苏萨娜心里都很感动，但她觉得老太太根本体会不到她的难处。因为老太太每天最重要的事情，就是坐在窗户前，看着马路上川流不息的车辆和人群。

有一天，苏萨娜看着老太太看得出神的样子，禁不住问道："您每天都在看什么呢？"

"我在看马路上的红绿灯。"老太太笑着回答。

“红绿灯有什么好看的？”苏萨娜有些疑惑。

“苏萨娜小姐，红绿灯写下的是无数行人生命的征程。你看，这人生呀，就像那红绿灯。一会儿红，一会儿绿。红的时候，就没法动了。动了就会出交通事故；绿的时候，就通畅无阻。”老太太的话里充满了哲理。

“是吗？”

“是的，有时候，你远看那灯是绿的，等车子开到了跟前，灯却突然变红了。有时候，你远看灯是红的，到了跟前却变绿了。有的人因为一次红灯而焦虑不安，有的人因为一次绿灯而兴奋不已。正因为如此，人生的景色才这么五彩斑斓。”

苏萨娜明白了，原来，人生也有十字路口！不巧，她在人生的十字路口遇到了红灯，但绿灯总会闪亮起来的。

带着对老太太的感激，苏萨娜开始了新的努力。多年以后，她成为美国著名的电脑经销商，拥有亿万家产。

小儿麻痹症

不要去听失意者的哭泣，抱怨者的牢骚，这是羊群中的瘟疫，你不能被它传染。

20世纪50年代，在美国一个铁路工人家庭诞生了一个女孩，父母给她取名杰瑞。

小杰瑞6岁那年不幸患了小儿麻痹症，母亲抱着女儿到处求医，医生们检查后摇头说这个病太难治了，杰瑞的母亲以为女儿的性命保不住了，就伤心地抱着女儿回了家。然而，瘦弱的小杰瑞居然挺了过来，勉强捡回来一条命。但是，她的右腿却因此落下了残疾。从此，小杰瑞行走路时不得不靠拐杖。看到邻居家的孩子奔跑追逐时，小杰瑞沮丧极了，心里蒙上了一层阴影。

在那段灰暗的日子里，杰瑞的母亲总是不断地鼓励女儿，希望她相信自己能够战胜疾病。母亲的鼓励给了小杰瑞希望的阳光，小杰瑞逐渐变得坚强起来。

有一天，她对母亲说："我的心中有个梦想，不知道能不能实现。"母亲问她的梦想是什么，杰瑞坚定地说："我想成为一名医生，给人们医治疾病！"虽然母亲一直不断地鼓励她，此时还是忍不住哭了，她知道女儿的这个梦想将难以实现，除非出现奇迹。

在杰瑞9岁那年，她母亲听说城里有一位善良的医生免费为穷人家的孩子治病，抱着试试看的想法，母亲把女儿抱进手推车里，推着走了两天才来到那个医生的诊所。这位医生诊断后说："你的孩子患的是小儿麻痹症，导致肌肉严重萎缩，只有不断按摩和有效锻炼才能保证不再萎缩，一旦肌肉恢复了活力，就有可能站立起来行走，但做到这一点需要患者具备超乎寻常的耐心和顽强的毅力。"

回到家之后，杰瑞的母亲抱着一丝希望，每天坚持为女儿按摩，杰瑞一有空自己也努力地进行康复锻炼。虽然在锻炼过程会带来疼痛，但杰瑞从未因此而产生放弃的念头。

5年的辛苦和期盼终于有了回报，杰瑞14岁那年的一天，奇迹终于出现了，她扔掉拐杖站了起来。杰瑞的母亲一把抱住女儿，泪如雨下。

中学毕业后，杰瑞考上了一所大学的医学院。毕业后，经过多年的临床实习，她最终成为一名知名的外科医生，实现了自己童年的梦想。

海伦·凯勒

在人生的道路上，有曲折坎坷并不可怕，只要你坚持梦想，顽强拼搏，你就能够飞往理想的彼岸。

1897年6月，在美国哈佛大学女子学院的一个考场里，有一位17岁的少女，她是一位盲人，而且又是聋哑人。她在入学考试中，只用了9个小时，就顺利完成了德语、法语、拉丁语和其他课目的考试，并取得了优异成绩，成为哈佛大学的一名大学生。

想顺利通过同样的考试，即使是一个身体健全的人，也是相当不容易的，何况是一位聋哑的盲人少女呢！在许多人看来，这简直就是一个人间奇迹！而创造这一奇迹的就是美国著名作家海伦·凯勒。

在小海伦一岁半的时候，她患上了一种名叫“猩红热”的疾病，结果成了一名聋哑的盲人小姑娘。小海伦的父母看到女儿无法用语言与人交流，就为她请来了一位有经验的家庭教师安妮·沙利文小姐。沙利文小姐是一位教过聋哑孩子的家庭教师，但是，虽然她有教聋哑孩子的经验，起初，她与小海伦进行交流和教她识字，也是非常困难的。沙利文小姐来后不久，送给小海伦一个布娃娃。小海伦抚摸着布娃娃很高兴，沙利文小姐便在海伦的手心写上“娃娃”这个单词，并读“娃娃，娃娃”。小海伦看不见又听不到，她起初不明白“娃娃”是什么意思，沙利文小姐一遍一遍耐心地教她，小海伦终于慢慢明白了。小海伦就是通过这样一遍遍的重复掌握了一些生活中常用的单词。

后来，在聋哑学校里，校长富勒女士亲自教小海伦学发音。她让小海伦把手放在她的脸上，来感觉舌头和嘴部肌肉的变化规律，并一遍又一遍地教她模仿着发音。小海伦每天坚持练习，终于学会了用嘴巴说话，用手指“听”话。

此后，小海伦开始用惊人的毅力，学习英语、德语、法语、拉丁语和希腊语这五种语言。老师讲课时，沙利文小姐把内容拼写在小海伦的手上。小海伦明白了之后，靠记忆去理解学过的课文，再用凸写器做作业。她用这样的方法学习了代数、几何、物理等课程，还用打字机写文章和翻译作品。

海伦以坚强的信念、顽强的毅力，克服了常人难以想象的种种困难。在上大学二年级时，她完成了自传体小说《我生活的故事》。小说发表后，受到马克·吐温等作家的赞赏，被誉为“世界文学的杰作”。从此，海伦笔耕不辍，一生共出版了14部著作，成为了一位著名的作家。

弗拉明戈“舞后”

记住，你不是为了失败才来到这个世界上的，你的血管里也没有失败的血液在流动。

一个女孩从小就喜欢芭蕾舞，3岁就立志成为一名舞蹈家，但不幸的是，女孩10岁那年，患上了罕见的“脊柱侧弯症”，于是从脖子到胯骨间，她不得不每分每秒都戴着矫形用的金属支架。医生宣告她的舞蹈生涯结束了。女孩没有被病魔所吓倒，她连续5年一边忍受着病痛的折磨，一边继续追求自己的梦想。她对舞蹈的痴迷和执著，使她战胜了连成人都无法承受的痛苦，并在毕业时以全校各科成绩名列榜首的成绩，如愿以偿地进入了西班牙国家舞蹈团，并最终踏入了领衔主演《莎乐美》的辉煌人生。她就是世界著名舞蹈家阿依达·戈麦斯。

舞剧《莎乐美》取材于《圣经·新约》，讲述的是巴比伦公主莎乐美爱上了先知约翰，遭到拒绝后因爱生恨的悲剧故事。该剧大量运用了被称为西班牙“国舞”的弗拉明戈舞蹈。扮演剧中主人公莎乐美的阿依达·戈麦斯，将人物的性格、欲望和弗拉明戈舞蹈极其旺盛的生命力，以细腻丰富的肢体语言表演得淋漓尽致，因而被誉为弗拉明戈“舞后”。

不要轻言失败

在通往成功的道路上难免有挫折和失败，女孩无论做什么，面对困难和挫折不要轻言失败，而应该从挫折中汲取教训，再接再厉，去迎接最后的胜利。

一学年的课程结束之后，音乐老师组织了一场汇报演出，以便让家长看看孩子们的进步。

孩子们一个个地上台展示自己的演奏才华，最后轮到了玛丽。玛丽的演奏效果不是太理想，使用的演奏技巧也不完全正确。演奏结束后掌声寥寥，她的父母感到有些失望。

演奏结束后，音乐老师发表了讲话，感谢家长们的光临。然后，他走下舞台，同几名学生的家长聊天。许多家长都为自己孩子的出色表演而异常兴奋，有些家长对老师的精心培养表示感激，只有玛丽的父母因女儿的表现感到难过和羞愧。

当老师走到玛丽父母的身边时，他们问老师玛丽失败的原因，老师说："玛丽无可救药了。她不用我教给她的演奏技巧，所以才会失败。她最好不要在这里继续浪费金钱和时间了，去学点别的吧，这样也许对她有好处。"

事实上，玛丽的确没有使用老师传授的演奏手法，她只是按照自己的理解即兴演奏。

当父母试图说服她放弃音乐时，玛丽断然拒绝了，她说："他们或许可以否认我的资质，但不能剥夺我再试一试的机会。"她继续全身心地投入到音乐中。

十多年后，正是靠着自信和勤奋的精神，玛丽成了一名出色的演奏家，许多人被她美妙的演奏所倾倒。

第五辑

有一种尊重叫自爱

学会克制，抵制诱惑

人的价值，往往在遭遇诱惑的一瞬间被决定。有道德的人绝不屈从诱惑的指使。人生的道路上充满无数的诱惑，学会克制自己，养成抵制诱惑的习惯，才能抵达理想的境界。

威廉先生是一位富有的商人，他在纽约近郊有一座别墅。这个别墅坐落在一个树木环绕的小山冈上。山冈的四周郁郁葱葱，到处都长满了果树。

威廉先生的别墅不远处有一所女子寄宿学校，也是威廉先生资助建立的。在那里上学的都是一些十来岁的女孩子。

威廉先生坐在他的客厅里，就可以俯视整个山冈，他时常欣赏着大自然的美景，悠然自得地看着一群少女在树下追逐嬉戏，她们却不会发现他。

有一天，威廉先生对女孩子们说："如果你们没有偷吃果子，那么在果子成熟的时候，我会邀请你们来我的别墅做客，品尝最大的桃子。"对这个提议，每一个女孩都完全赞同。

果园里的果实渐渐成熟，一颗颗变得诱人起来，好像是特意为这群快乐的女孩们准备的美味的盛宴。女孩们天天期盼着果子成熟，有时会显得有些迫不及待。

当桃子进入最后成熟阶段时，威廉先生常坐在他的客厅里，他会看见一些女孩子忍不住偷摘桃子，但他并没有制止，只是静静地看着。等到桃子完全熟透的时候，他将桃子小心地采摘下来，挑出最大最好的装满了一大篮子。他把这一大篮鲜桃放在客厅，然后再次邀请所有的女孩子到他家做客。

女孩子们高兴地来到了他家，威廉先生向她们提起了他们之间的约定，他说：“今天请大家来不仅仅是为了做客，我还想请那些遵守诺言的孩子们吃桃子，从没偷摘过青桃的女孩请上前一步，你们可以挑最大最好的吃，想吃多少就吃多少。”这时，只有一个小女孩向前迈了一小步，其他人都原地不动。这出乎威廉先生的意料，他没想到女孩子们如此诚实，这令他很吃惊，同时也很高兴。

他满意地问向前走了一步的女孩子：“亲爱的，你一个桃子都没摘过吗？”小女孩认真说：“没有！先生。我一个桃子都没有摘过。”威廉先生又以商量的口气问这个女孩：“你愿意和其他同学一起分享你的桃子吗？”

“我愿意！”小女孩面带笑容地回答道。

威廉先生抬起头对那些站在原地未动的女孩子们说：“你们没有遵守我们的诺言，本不应该让你们吃桃子，以作为惩罚。但你们的诚实和这位同学的真诚让我改变了主意。”

不该进废纸篓的姓名

每个人的人格是平等的，人格没有尊卑贵贱之分。不怕别人看不起自己，就怕自己没志气。一个人堂堂正正，自己看重自己，方能为他人所尊重。所以自尊自重是女孩应该具备的品质。

玛丽是美国一家保险公司的股东，也算是一位成功人士了。她回忆起自己的经历时说："我所卖出的数额最大的一张保单不是在我有了经验之后，也不是在觥筹交错中谈成的，而是在我第一次出门推销的时候。"

玛丽卖出的那一份保险大单是与纽约一家大电子公司签订的。第一次上门推销时，她对这样的大公司有些敬畏，走到这家公司的大门口竟然有点胆怯，不敢进去，毕竟这是玛丽第一次推销。玛丽犹豫很久之后还是进去了。

"你找谁？"总经理的声音很冷漠。

"是这样的，我是保险公司的业务员，这是我的名片。"玛丽双手递上名片，心里有些发虚。

"推销保险？今天已经是第三个了，谢谢你，或许我会考虑，但现在我很忙。"这位总经理婉言谢绝了。

本来，玛丽也不指望在她从事推销的第一天就能卖出一份保险，所以毫不犹豫地说了声"抱歉"就离开了。如果不是她走到楼梯拐角处下意识地回头，或许她就这么走了，以后也不会有任何事情发生。

玛丽下意识地回了头，看见自己的名片被那位总经理撕掉后扔进了废纸篓，玛丽感到非常气愤。于是她转身回去对他说："先生，对不起，如果您不打算现在考虑买保险的话，请问我可不可以取回我的名片？"

总经理的眼中闪过一丝惊讶，旋即平静了下来，他耸耸肩问她："为什么？"

"没有特别的原因，上面印有我的名字和职业，我想要回来。"玛丽平静地回答。

"对不起，小姐，你的名片让我不小心弄脏了，不适合还给你了。"

"如果真的脏了，也请您还给我吧。"玛丽看了一眼废纸篓。

片刻，那位总经理突然有了好主意："OK，这样吧，请问你的名片制作一张的费用是多少？"

"1美元。"玛丽有些奇怪。

"好，"那位总经理拿出钱夹，在里面抽出一张5美元，"小姐，抱歉，我没有零钱，这钱是我赔偿你名片的费用，可以吗？"

玛丽想夺过钱撕个稀烂，并告诉他尽管她是一位保险推销员，可也是有人格的，但她还是忍住了。

她礼貌地接过钱，然后从包里抽出4张名片给了他："先生，抱歉，我也没有零钱，这4张名片算我找给你的钱，请你看清我的职业和我的名字。这不是一个适合进废纸篓的职业，也不是一个应该进废纸篓的名字。"

说完这些，玛丽头也不回地转身走了。没想到第二天，玛丽就接到了那位总经理的电话，约她去谈购买保险的事宜。一见面，那位总经理就告诉玛丽，他打算为公司全体职工每人购买一份人身保险。

人格平等

人格应该是平等的。女孩们不要为自己的地位而产生自轻自贱的心理，要把自己放在和他人平等的位置，有自信、有尊严地活着。

电影明星洛依德将车开到检修站，一个女工接待了他。她灵巧的双手和秀美的容貌一下子吸引了他。

巴黎人几乎都知道他，但这位姑娘却丝毫没有见到大明星时的惊讶和兴奋。

"您喜欢看电影吗？"洛依德禁不住问道。

"是的，先生。当然喜欢，我是个影迷。"她手脚很麻利，很快就修好了车，"您可以开走了，先生。"

洛依德却依依不舍："小姐，您可以陪我去兜兜风吗？"

"不！先生，我还有工作。"女工很理智。

"这同样也是您的工作，您修的车，最好亲自检查一下。"

“那好吧，是您来开还是我来开？”

“当然是我开，是我邀请您的嘛。”

自然，车在行驶中一切正常。

姑娘问道：“看来没有什么问题，请让我下车好吗？”

“怎么，您不想再陪一陪我了？我再问您一遍，您喜欢看电影吗？”他又问道。

“我回答过您了，喜欢，而且是个影迷。”

“您不认识我？”

“怎么不认识，您一来我一眼就认出您是当代影帝阿列克斯·洛依德先生。”

“既然如此，您为何这样冷淡？”

“不！先生，您错了，我没有冷淡，只是没有像别的女孩子那样狂热。您有您的成就，我有我的工作。您来修车是我的顾客，如果您不再是明星了，再来修车，我也会一样地认真接待您。人与人之间不应该是这样吗？”

洛依德沉默了，在这个普通女工面前，他感到自己的浅薄与虚妄。

“小姐，谢谢！您使我觉得应该反省一下自己。现在让我送您回去。”

用行动证明

任何宝典，永远不可能创造财富。只有行动才能使地图、法律、宝典、梦想、计划、目标具有现实意义。

派蒂·威尔森的经历，给人们展示了自强不息的可贵精神境界。

派蒂年幼时，被诊断出患有癫痫。她的父亲吉姆·威尔森习惯每天晨跑。

有一天，戴着牙套的派蒂兴致勃勃地对父亲说："爸爸，我要每天跟你一起慢跑，但我担心中途病情会发作。"

她父亲回答说："万一发作，我也知道如何处理。我们明天就开始跑吧。"

于是，十几岁的派蒂就这样与跑步结下了不解之缘。和父亲一起晨跑是她一天之中最快乐的时光。在跑步期间，她的病一次也没有发作过。

一个多月后，她向父亲表示了自己的心愿："爸爸，我想打破女子长距离跑步的世界纪录。"她父亲替她查找了吉尼斯世界纪录，发现女子长距离跑步的最高纪录是80英里。

这时，刚上高中的派蒂为自己订立了一个长远的目标：

高一时，要从所在学校跑到旧金山(400英里)；

高二时，要到达俄勒冈州的波特兰(1500英里)；

高三时，要到达圣路易市(约2000英里)；

高四时，要向白宫前进（约3000英里)。

虽然派蒂的身体状况与他人不同，但她仍然满怀热情与理想。对她而言，癫痫只是偶尔给她带来不便的小毛病。她没有因此变得消极或畏缩。相反，她更珍惜自己已经拥有的。

高一时，派蒂穿着上面写着"我爱癫痫"的衬衫，一路跑到旧金山。她父亲陪她跑完了全程，做护士的母亲则开着旅行拖车尾随其后，照料父女两人。

高二时，派蒂身后的支持者换成了班上的同学。他们拿着巨幅的海报为她加油打气。海报上写着"派蒂，跑啊"！

但在这段前往波特兰的路上，她扭伤了脚踝。医生劝告她立刻中止跑步："你的脚踝必须上石膏，否则会造成永久的伤害。"

她回答道："医生，你不了解，跑步不是我一时的兴趣，而是我一辈子的至爱。我跑步不单是为了自己，同时也是要向所有人证明，身有残缺的人照样能跑马拉松。有什么方法能让我跑完这段路？”

医生表示可用黏合剂先将受损处接合，而不用上石膏。但他警告说，这样会起水疱，到时会疼痛难耐。派蒂二话没说便点头答应。就这样，她终于来到波特兰，俄勒冈州州长还陪她跑完最后一英里。一面写着“超级长跑女将”大红标语字的横幅早在终点等着她，派蒂在17岁生日这天创造了辉煌的纪录。

在高中的最后一年，派蒂花了4个月的时间，由西海岸跑到东海岸，最后抵达华盛顿，美国总统接见了她。她告诉总统：“我想让其他人知道，癫痫患者与一般人无异，也能过正常的生活。”

杯子就是用来装水的

虚荣心不一定算得上是一种恶行，但确会抹杀一个女孩的修养。克服虚荣心，是一个优秀的女孩必须做到的。

几个女生一起去看望老师，起初大家相谈甚欢。一会儿，女生们的话题转移到一次杂文大赛上，她们都认为自己写得好却没有被评上奖。

说到这里，老师起身走进厨房，拿出了一些杯子。其中，有陶质的、瓷质的、金属的、玻璃的、塑料的。老师让学生们自己取杯子倒水喝，女生们取走杯子后，托盘上还剩下一些粗陋的塑料杯子。

看到这样的情景，老师别有深意地微笑着说：“你们看，所有精致、古朴、玲珑、美丽的杯子都被拿走了，剩下的全是让人看不上眼的塑料杯子。我想问的是，你们选杯子的目的是什么？”

女生们异口同声地说：“喝水呀！”

老师又问："既然是喝水，那为什么你们那么在意盛水的器皿呢？随手拿一个不就可以了吗？为什么还要刻意选好的、美的、精致的呢？"

女生们被问得哑口无言。

接着，老师说道："你们喝的是水，却执意要选一个好看的杯子，甚至在选到不好的杯子时，心里还可能不乐意。这就和学习一样，学习就是水，而浮华的名次仅仅只是盛水的杯子而已。如果我们把所有的注意力都放在杯子上，那么我们便没有心思和心情去品尝和享受茶水的味道了。同样，如果我们过于看重虚名，沉浸在获过什么奖的赞誉中，我们就不会再那么用功了。"

听了老师的一席话，女生们都默默地低下了头。

做个说话算数的孩子

你能做到的事情，你可以向人做出承诺，一旦承诺就得信守诺言，言必信，行必果。对自己没有把握的事情不要轻易做出承诺，免得失信于人。

春秋战国时，鲁哀公身边有一个叫孟武伯的大臣，他有说话不算数的毛病。因此，鲁哀公对他很不满。有一天，鲁哀公举行宴会招待群臣，鲁哀公的宠臣郑重也参加了这次宴会。孟武伯向来不喜欢郑重，想在宴会上借机使郑重"出洋相"，便问道："郑先生怎么长得越来越胖了？"鲁哀公听到后，便插嘴道："一个人常常吃掉自己的诺言，当然会长肥呀！"在座的大臣一听，就知道鲁哀公并不是在批评郑重，是在暗讽孟武伯说话不算数。

宋庆龄的母亲从小就给她讲这个故事，目的就是要教育她说话要算数，要信守诺言。

一个星期天，父亲宋耀如准备带着全家人去朋友家做客，孩子们都穿好礼服就要出发了，只有宋庆龄仍在钢琴前弹奏曲子。母亲喊道："孩子们快走吧，伯伯正等着我们呢！"听到母亲的喊声，小庆龄立即合上琴盖，跑出房间，拉着妈妈的手就走，但刚迈出大门，突然又停住了脚步。

"怎么了？"一旁的父亲看到女儿停住了脚步，不解地问道。

"今天我不能去伯伯家了！"小庆龄有些着急地说。

"为什么不能去，孩子？"母亲望着女儿说。

"爸爸，妈妈，我昨天答应小珍，今天她来我家，我教她折花。"小庆龄说。

"我还以为有什么非常重要的事情呢？这好办，以后再教她吧！"父亲说完，便拉着小庆龄的手就走。

"不行！不行！小珍来了会扑空的，那多不好呀！"小庆龄边说边把手从父亲的大手里抽了出来。

"那也不要紧呀！回来后你就到小珍家去解释一下，并表示歉意。明天再教她折花不也可以吗？"妈妈说。

"不！妈妈，您不是常说要信守诺言吗，我答应了别人的事，怎么可以随意改变呢？"小庆龄不停地摇着头说。

"我明白了，我们的女儿是一个守信用的孩子，不能自食其言是吗？"妈妈望着小庆龄笑了笑，接着说："好吧，那就让我们的罗莎蒙黛留下吧！"

宋耀如夫妇放心不下家中的小庆龄，在客人家吃过中午饭，就提前赶回到家中。一进门，宋耀如就高声喊道："亲爱的罗莎蒙黛，你的朋友小珍呢？"宋庆龄回答说："小珍没有来，可能是她临时有什么急事吧。"

"没有来，那我的小罗莎蒙黛一个人在家该多寂寞呀！"母亲惋惜地对女儿说。

"不，小珍没有来，家中虽然只有我一个人，但是我仍然很快活，因为我信守了诺言。”宋庆龄辩解道。

听了小庆龄的话，宋耀如夫妇满意地点了点头。

马克思说：“真诚的、十分理智的友谊是人生的无价之宝。你能否对你的朋友守信不渝，永远做一个无愧于他的人，就是对你的灵魂、性格、心理以至于道德的最好的考验。”维系朋友之间的友谊需要信守诺言，为人处世更应该言而有信。

管好零花钱

一滴水不算多，一滴一滴汇成河；一粒米不算多，一粒一粒堆成垛。节约好比燕衔泥，浪费好比河决堤。养成勤俭节约的习惯，将来有益于社会、有益于自己。

小春香每天从学校回家总爱去路边的一个礼品店看一看，看见店里有新进的玩意儿，她总想买一个拿回家去玩。可是一旦她买了这些新玩意儿，过不了多长时间就会扔到角落里了。

小春香的妈妈是一位职业理财师，她为了预防女儿养成花钱大手大脚的习惯，就决定帮女儿改掉这个毛病。

有一天，妈妈对女儿说：“家里过日子要用钱的地方不少，爸爸和妈妈挣来的钱不多，你要养成节约的习惯。每个月给你的零花钱要节省点花，如果提前花完了，这个月就不会再给了。”

小春香听了妈妈的话，点点头表示同意。

过了半个月，小春香的零花钱就花光了。她向妈妈求助，妈妈回绝了女儿，她说：“这是与你约定好的，怎么能随意改变呢？在接下来的半个月里你什么都不要买了。”

小春香有个好朋友过生日，邀请小春香和几个同学去家里玩。受邀请的那几个同学一起给好朋友买生日礼物，可是小春香没有了零花钱，她只好向同学借钱来买。

总算挨到下个月了，小春香希望妈妈能多给一点零花钱，弥补上个月的一点“亏空”。妈妈认真地说：“家里的日常开销是没有办法减掉的，给你的零花钱也没有办法增加，还是这个数，你自己节省一点吧。”

小春香还清了欠别人的钱，余下的零花钱就不多了。于是，她知道要有点计划了，不能像以前那样没有节制，不是十分必要的她就不买了。到了月底，零花钱竟然还没有花完。

这样过去了几个月，小春香路过礼品店再也不随意买东西了。即使陪妈妈上街购物，她也知道货比三家了。

三好生的资格

虽然每个人都不是十全十美的，但却是独一无二的。要多看他人的长处，不要只看到别人的短处。严于律己，宽以待人，这样你才会得到大家的信任和支持。

小芳所在的班级正在评选“三好学生”。大家七嘴八舌地议论着，多数同学还没有形成统一的看法。班主任老师问小芳：“你觉得我们班的同学谁最应该被评选为‘三好学生’？”

小芳说：“老师，这太难了。我们班的同学都很优秀。”

老师问：“张强同学怎么样？”

小芳从桌子里拿出一个小本，翻到其中的一页念道："3月1日，张强在值日时忘记涮拖布；3月5日，他将一只毛毛虫带入班级吓唬女生；3月12日，他没有参加学校里的植树活动……他呢！不好！"

"那杨柳叶同学可以吗？"老师又问。

"她更不够资格。"小芳又把小本翻到另一页说，"4月1日，杨柳叶欺负邻班女生；4月9日，她在课堂上偷吃零食……"

"那么，李致远同学呢？"老师耐心地问。

"他也不够资格，他的作风太粗暴了。"然后小芳又翻开小本念道："4月4日，李致远在课堂上偷看《巴黎圣母院》连环画；4月15日，他与高年级同学打架……"

"那你说谁最有资格成为'三好学生'呢？"班主任问。

"谁够这个资格啊！当然是我了。"小芳指着自己说。

最后，班主任又询问其他同学，他们几乎都不同意小芳当"三好学生"。原来，小芳总是孤芳自赏，不与其他同学交朋友，所以她也没有一个好朋友。

女诗人索尔·胡安娜

美貌就像一朵鲜花，会随着时间的流逝而凋谢，只有美德和智慧才会经久不衰地绽放。

索尔·胡安娜是墨西哥著名的女诗人。她生于墨西哥城附近的乡村，从小就有如饥似渴的求知欲，3岁时就读书识字，8岁开始写诗，表现出非凡的才能。9岁开始博览群书，逐步掌握了神学、哲学、天文、星象、绘画、音乐、文学、语言等方面的知识，成为当时才貌双全的贵族小姐。

有一次，西班牙总督为了考察索尔·胡安娜的知识，邀请四十多位学者对她进行考问，她对答如流，一时被传颂为奇女。

少女时期的索尔·胡安娜身段轻盈灵巧，仪容美貌动人，长着满头秀发。周围的人都希望她成为一名出色的女演员，但是她立志要做一个女诗人。在她刚开始写诗的时候，有一天，一群小伙伴来到她家里，邀请她出去一起游玩。她婉言推辞道："我新作了几首诗，正请老师看呢！如果老师说我有进步，那我就同你们一块儿玩去。"大家一听，只好坐在屋子里耐心地等着。

不一会儿，老师拿着诗稿来了。索尔·胡安娜接过来一看，老师不但修改了许多地方，而且还加了一段批语，说她进步不大。

看到这里，索尔·胡安娜一言不发，随手摸过一把剪刀，只听到"咔嚓"一声，她就把自己头上令其他小伙伴非常羡慕的长发剪了下来，随即狠狠地扔在地上。小伙伴个个目瞪口呆，不知这到底是怎么回事。

原来，索尔·胡安娜给自己立下了一条规矩：如果没学会自己规定的课程，或者在学业上没有长进，就要把自己的美发剪掉，作为对自己的警戒。她对小伙伴说："一个没有知识和才能的空洞脑袋，就不应该有漂亮的头发做装饰！"

珍妮的变化

人生不可能随时都是顺境，每个人都会有失落之时。自信可以帮助女孩看淡暂时的得失，使其重塑前进的新目标，披荆斩棘，永远朝着理想中的目标前进，直至夺取最后的胜利。

珍妮是一名少女，身材瘦小，相貌平平，但她从小酷爱读书，勤奋好学，成绩一直很优秀，其他同学遇到难题总是向她请教，她是众人羡慕的对象。

珍妮在中学毕业时，顺利通过了哈佛大学的考试，她感到十分幸运。父母也感觉高兴和自豪。街坊邻居获悉了这个消息，也夸赞珍妮，说她将来一定有出息。

然而，入学没有多久，珍妮的感觉却越来越差了。原来，她不适应这里的学习和生活：老师上课很多地方她听不懂；她说话带有家乡口音，被其他同学看轻；大家都知道的事她却不了解，她的一些看法其他同学觉得幼稚、好笑。

珍妮感觉自己处处不如别人，事事不顺心，自己好像是天鹅群中的丑小鸭，是校园里最不起眼的人物。于是，她怀念起了在家乡的日子，那里可没有人瞧不起她。

多年来，珍妮唯一感觉满意的就是自己爱好读书，学习成绩优秀。可在这里都是来自世界各地的优秀学生，她再也没有那个优势了。

珍妮明白，抱怨是没有任何益处，叹息也不会起到什么作用。她下决心从头再来，一定要使自己的学习成绩位居班级前列，以此来证明自己是最棒的！

于是，她全身心地投入到学习中，经过一年多的刻苦努力，最终如愿以偿，其考试成绩名列前茅。

从此，她重新获得了自信，战胜了自卑，积极地面对新生活，同学投来了羡慕的目光。

单臂冲浪

生活里的苦与乐都是你心态的真实反映。你对生活微笑，生活里就充满了阳光；你对困难低头，小坎坷也能绊倒你。自信的女孩可以让生活充满微笑，充满精彩。

在美国夏威夷的基拉韦厄小镇，有一个叫贝萨妮·汉密尔顿的小女孩，非常喜欢冲浪。从小她跟随父亲在夏威夷海岸与奔腾的浪潮搏击，但一场突如其来的灾难却差点夺去她的生命。

那是2003年10月31日的早晨，一条鲸鱼撕去了小姑娘的左手。

几个星期之后，当她胳膊上缠绕的绷带被慢慢拆开时，长长的伤口呈现出来。她的哥哥顿时脸色惨白，妈妈几乎要晕倒，她那苍老的外婆独自走出病房掩面而泣。

没人愿意接受这个残酷的现实，因为这一年，她才13岁！

唯独贝萨妮自己显得异常平静。当大家都疑惑于她不合年龄的镇定时，她说了一句让所有人都感到震撼的话："世界上没有可以让时间倒流的机器，我无法改变这个现实。也许这就是上帝为我安排的命运，我要勇敢地面对它。我仍然期待有一天能够重返大海。"

一个多月后，人们惊奇地发现，她的身影又出现在海边。人们关切地问她的近况，她说："我还要继续冲浪！"人们都对她报以祝福的笑容，但大多数人都认为这是不可能的。冲浪是一种需要技巧和平衡的运动，一个断了手臂的人如何能在翻滚的大浪中做到平衡呢？

事实证明，贝萨妮可以做到！她又开始刻苦训练。有一天，当她再次登上冲浪板时，不一会儿就掉进了咸涩的海水里，但她马上又站起来重新登了上去……

人们好心地劝她停止这种无谓的努力，但她表示要坚持下去，并富有激情地说："我的灵魂属于冲浪，冲浪板就是我的生命之船，而我的双臂就是一对船桨。以前我用双桨遨游大海，现在我不小心折断了一支，但所幸的是我还有一支，只要有一支桨，我照样可以遨游大海！"

就这样，贝萨妮一次又一次地从冲浪板上摔下来，一次又一次地登了上去……

终于，在经过漫长而刻苦的训练之后，她不仅恢复了原来的冲浪水平，而且技能还有所提高，居然令人惊叹地获得一系列赛事的冠军。

一年后，19岁的贝萨妮一举夺得了第15届美国冲浪锦标赛冠军。不久，她加盟国家冲浪队，准备向世界冲浪冠军的宝座发起冲击。

龅牙歌星

金无足赤，人无完人。每个人都有这样或那样的不完美，聪明女孩应该充满信心地展现真实的自己，正面看待自己的缺陷。

凯斯·黛莉从小就有一个梦想：她想成为一名著名歌手。但她从未向别人透露过她心里的这个秘密。

为了实现这个梦想，黛莉开始练嗓子了。但她只在没有人的地方敢放开嗓子唱，原因是，她觉得她的嘴巴比别人的大，而且长着不好看的龅牙。

对自己的龅牙，黛莉感觉那是她的缺陷，在别人面前，她总是想办法掩饰。有一次，高中同学在一起聚会，每个人都得表演节目，她选择了唱歌。那一天，她穿着母亲的白色小礼裙，紧张地站在舞台中央。

音乐响起来了，黛莉开始和着唱。她一直很在意自己的牙齿，为了使它不露出来，影响自己的形象魅力，她一直有意识地把上嘴唇向下合，想以此来掩盖住露出来的门牙。显然，这样唱歌十分别扭，声音变得扭扭捏捏，唱到一半竟然忘了歌词。台下的同学看到她奇怪的样子，忍不住哄堂大笑。这是黛莉第一次公开演唱，却得到这种结果，她感到十分沮丧。

这时，音乐老师史密斯夫人来到她身旁，诚恳地说："黛莉，其实你的嗓子很棒，完全可以唱得更好，但你唱歌时，好像在试图掩饰什么，你不太喜欢自己那口牙齿吧？"

黛莉的心事被老师说中了，羞得满脸通红。

史密斯夫人直率地说："这又有什么关系呢？龅牙并不是什么罪过，你为什么要拼命地掩饰呢？张开你的嘴巴吧！只要你自己不引以为耻，观众也一定会喜欢你的，说不定它还能给你带来好运呢！"

黛莉接受了老师的建议，开始大胆地在公共场合演唱，她不再去想自己的龅牙，非常自然地张开了嘴巴，尽情地放声歌唱。

几年后，黛莉成了顶尖的歌星，有很多人还刻意模仿她呢！

战胜自我

一个人最大的敌人就是自己……其实，谁也没法把你打倒，能打倒你的只有你自己。

1950年，弗洛伦丝·查德威克因为成为第一个成功横渡英吉利海峡的女性而闻名于世。

两年后，弗洛伦丝决定挑战卡塔林纳海峡。她计划从卡塔林纳岛，游向加利福尼亚海滩，希望可以再创一项纪录。此时，弗罗伦丝34岁，她的这一举动引起了媒体和数以万计的美国人的关注。

1952年7月4日清晨，这天，海面上浓雾弥漫。在游了15个小时之后，弗罗伦丝仍然在坚持着。这时，她面临的最大困难是水温过低，刺骨的海水冻得她身体发麻，她感到又冻又累，身心疲惫。

“还有那么远，我这次一定无法游完全程。”弗罗伦丝想着自己不能再游下去了，她向护送船上的亲友请求：“把我拖上来吧。”

弗罗伦丝的母亲和教练在一条护送船上。他们告诉弗罗伦丝不要放弃，因为离海岸已经很近了。他们劝她：“再坚持一下！”“只有一英里远了。”

由于当时海上雾大，能见度低，弗罗伦丝朝海岸望去，什么都看不见。她再三请求：“把我拖上来吧！我真的游不动了。”

于是，护送人员把弗罗伦丝拉上了护送船，等她渐渐觉得暖和了，雾也慢慢消散了。这时，弗罗伦丝看清了：护送人员拉她上船的地方，离加州海岸只有半英里。她再坚持一小会儿就可以成功了，半途而废令她十分懊悔！

事后，弗罗伦丝对记者道出了挑战失败的主要原因。她说：“说实在的，我不是为自己找借口。如果当时我看见陆地，我就一定能够坚持游到终点。”大雾使她丧失了夺取最后胜利的信念和勇气。

两个月之后，弗罗伦丝再次挑战，这一次，她成功地渡过了卡塔林纳海峡，而且在时间上她比男子的纪录还快了约两个小时。

老师的胜利

孩子的成长需要激励，也希望受到别人的重视与尊重。如果能够以正确的方式鼓励他们，激发他们的上进之心，对他们的成长一定可以有很大的帮助。

强森小姐是一所学校的班主任老师，在第一次讲课时，她在班上宣布："我只有一条规则，那就是尊重你自己和教室里所有其他的人。"尽管她宣布这样的纪律，但班上总有一些学生调皮捣蛋，影响课堂秩序。

一个名叫卡莉的女生，就喜欢在课堂上制造恶作剧。强森小姐讲话的时候，卡莉会直望着老师的眼睛，大声打呵欠。而且动作夸张，使许多学生也都跟着打呵欠。

虽然，卡莉每打完一个呵欠，都会露出可爱的笑容，并且装作很诚恳地道歉。当然，老师知道她没有一点儿歉意，纯粹是做给老师看的，这显然是对强森小姐的一次考验。

强森小姐经过慎重考虑，决定写一封短信给卡莉的父母韦斯特夫妇，告诉他们说，对于有卡莉这样的孩子在这个班上，她感到非常高兴，因为卡莉聪明伶俐，风趣可爱，而且成绩不错，总平均成绩是"乙"。

强森小姐没有把信的封口封住，第二天，卡莉第一次打呵欠之后，老师就把信递给了她，请她交给父母。卡莉接过信后，显然，在回家的路上她偷看了。这是卡莉最后一次在教室里打呵欠。

到了下星期一，卡莉走到讲台前，对老师说："强森小姐，谢谢你那封信。"她说，"我母亲把它贴在了冰箱上让大家看。在我家，那里就是光荣榜。不过我父亲不相信我在你教的那一科能拿到‘乙’。”

“我看不出为什么不能。”强森小姐说，“你很聪明，总是最先交作业。”

“不错，”卡莉说，“但是我从未得过‘甲’。”

“那是因为你总是不把作业做完。如果你把作业做完，你会得‘甲’的。”

“可是我的测验成绩也从未得过‘甲’。”卡莉说时，低头瞧着她的笔记本，“我总是拿‘丙’。”

“你是否从来不温习？”

“是的。”

“我敢打赌，要是你肯用功温习，你会拿到‘甲’的。”强森小姐用手指轻敲她的笔记本，直到她抬起头来看着她，“我是说真的”。

“你确实认为我很风趣？”卡莉问。

“是的。”强森小姐点头。

下一次考试时，卡莉拿到了“乙上”。到了年底，她英文的成绩进步到了“甲”。

这个成就令强森小姐很受鼓舞，她决定给每一个学生写信。分三批写。第一批写给“坏”学生，因为她认为他们最需要鼓励。

强森小姐的工夫并没有白费，通过这种办法，班上只有少数学生依然是老样子，大部分都已改正了以往的不足。

独特的声音

如同世界上没有两片完全相同的树叶一样。人的指纹、声音和DNA也都是独一无二的。每个人都应该勇敢地展示自己的个性，只有勇敢才不会埋没自己的个性，才能展现自己的魅力。

一位日本女孩，天生嗓音有点沙哑，说话没有其他女孩子那样悦耳动听，以致个别同龄人不愿与她做朋友。但她从没有因此而沮丧，一直快乐地生活着，并不断地寻找机会，展示自己的才艺。

有一次，女孩参加了一个社团组织的演出，观众中有日本著名漫画家藤子不二雄。他观看了女孩出演的话剧，立刻被女孩特异的声音吸引住了。原来，藤子不二雄正在为筹拍中的卡通片《机器猫》的主角物色配音演员，而这位女孩特异的嗓音，正好符合片中主角的声音。

看完了这个女孩的演出，藤子不二雄如获至宝。在演出结束后，他给女孩说明了邀请她配音的想法，女孩听了喜出望外，高兴地答应了。

经过剧组的录音试映，女孩配音的效果完全达到了制片方的要求。不久，正式配音开始后，女孩的配音不负众望。

卡通片《机器猫》播出后，这个女孩独特的声音像长了翅膀一样，伴着卡通片飞到了世界各地。随即，她也成为家喻户晓的天才配音演员，她的声音也成为孩子们竞相模仿的样板。这个女孩就是后来日本家喻户晓的著名配音演员大山羡代。

美人痣

自从上帝创造了天地万物以来，没有一个人和你一样，你的头脑、心灵、眼睛、耳朵、双手、头发、嘴唇都是与众不同的。

海伦·克劳馥如今是世界顶级名模，长相十分清秀，尤其是她的嘴角有一颗非常显眼的黑痣，使她显得更加妩媚，更显得美丽动人，也成了她特有的“标记”。

在克劳馥刚出道的时候，她曾对这颗痣的去留犹豫不决。

那是克劳馥16岁那年，一位同学告诉她，一家经纪公司正在招聘模特儿，这个消息让她激动不已，她立即赶到那里。然而，她在这家经纪公司没有撞上好运。

“你最好去掉嘴边的痣。”公司招聘人员说。

“为什么？”克劳馥疑惑地问。

“现在，大众欣赏的是洁白无瑕的美女。虽然你的身材相当好，可是，你的这颗痣……”招聘人员说出了他们的顾虑。

“不，我不想去掉这颗痣，这是上帝赐予我独一无二的标志。”她断然回绝。

接着，她去了多家经纪公司参加面试。然而，对方的答复惊人的相同：

“你把那颗痣点掉！”

“你把那颗痣点掉！”

……

第二家模特儿公司、第二家模特儿公司……纷纷提出同样的要求。

克劳馥动摇了，开始怀疑自己的选择。就在这时，看似已经完全关闭的成功之门，终于为她开了一条小缝，一家内衣厂的厂商看中了她。邀请她拍摄内衣广告。广告片播出以后，出人意料地引起了轰动。

此后，短短一个月的时间，克劳馥的一些个性张扬的照片频频出现在各大杂志的封面上。嘴角有痣的她，蕴含着的那种桀骜不驯、个性四射的美，已经被大众接受了。

5年之后，克劳馥迎来了她生命中第一个辉煌的时刻。她为露华浓公司拍广告，担任专职模特儿，工作20天，预付酬劳高达60万美元！媒体称她为“最有性格的美国美女”。

媒体纷纷盛赞她有前瞻性眼光，其中有记者问道：“是什么原因使你坚持保留那颗痣？”

“我梦想着有一天世界闻名，虽说当时这件事对我有一定难度，但是我知道我一定能做到。我出名了，全世界就靠着这颗痣来识别我。”她回答。

克劳馥成功后，当她站在那个许多人仰视才能看见的高度，低下头来再看自己走过的路，她不止一次地暗自庆幸没有随波逐流。如果当初她去掉了那颗痣，就是一个通俗的美人，顶多拍几次廉价的广告，就被淹没在美女阵营里了。

最优秀的学生

执著就是艺术，平凡铸就伟大。在人的一生中，有时候苦难不期而至，似乎有意考验我们生命的承受力，而唯有那些能够坚持不懈的人，才能得到最大的奖赏。

在美国芝加哥市的西北角，有一个名叫罗爱德的小镇。有一年，镇上的教育机构曾为一位叫露易丝的女生举办过一次摄影展览，展出的内容都是以露易丝为主人公的生活照。出人意料的是，从美国各地来了两三千位记者对此进行采访，打破了美国个人摄影展览采访记者人数的纪录。

那一年，露易丝17岁，像普通女生一样学习和生活，与众不同的是，自从她学照相的那天起，她就坚持每天给自己照一张相，这样坚持了十多年，大约照了三千多张照片。露易丝把这项活动称为“每天都是新的”。

从专业的角度来说，露易丝的这些照片本身显示不出高超的摄影艺术，甚至让参观者觉得有些千篇一律。然而，就是这些平凡的照片却轰动了整个美国，扬名于世界，因为它体现了露易丝对生活永恒的爱，显示了她对做事的执著。当年，露易丝因此被评为最优秀的学生。

最受欢迎的主持人

成功的道路总是曲折的，许多女孩暂时没有看到机会就在等待中消耗光了热情和意志，只有那些能够在逆境中坚持下来的女孩才可能收获成功的喜悦。

苏菲·莱斯出生在美国迈阿密附近的一个贫困家庭。小时候非常好动，而且喜欢不停地说话。或许人们不会想到，日后成为著名播音员的苏菲小时候却口齿不清，因此，她被送到当地小学中一个专门为学习有障碍的学生开设的特教班。

高中毕业后，苏菲成为一名环卫工人。但是，她一直怀揣一个梦想，那就是成为一名电台的音乐节目主持人。周围的人听了忍不住嘲笑她，像你这样连说话都说不清楚，还想去当主持人？苏菲听了也不生气，心中暗暗告诉自己："我一定可以成功的！"

每天晚上，苏菲都会在她那间狭小的房间里抱着收音机专心地收听电台的主持人谈音乐，而且，她按照自己的想象做了一个电台模型，用一把梳子当做麦克风，向想象中的观众介绍唱片。

日复一日，年复一年，苏菲始终坚持不懈，终于有一天，她鼓足勇气来到了当地一家电台，告诉台长她可以做一名主持人，但被婉言谢绝了。

在接下来的那个星期里，苏菲有空就去找台长，让台长给她一次试用的机会。为了让苏菲知难而退，台长同意让她打杂，但是没有薪水。苏菲的工作是为那些不能离开播音室的播音员送咖啡、打饭。这对苏菲来说，是接近梦想的第一步，每天在优雅、整洁的办公环境下工作令她心情舒畅，更为重要的是，她每天可以近距离地接触著名的播音员，可以看他们是如何工作的。

此后，在电台大楼里，人们会看到苏菲忙碌的身影，无论人们让她做什么，她都愉快地接受。干完自己该干的事情，苏菲就全神贯注地在一旁默默地观察播音员们的一举一动，分析他们为什么会受到听众的喜爱，他们的节目有什么特色，而自己还欠缺什么。晚上，回到自己的卧室，苏菲就开始一遍又一遍认真地进行练习。

一天下午，苏菲照例来到播音室的门外，一位名叫罗克的主持人来接班了，他是主持综艺节目的。当罗克从她身边走过时，苏菲感觉到他满嘴酒气，她心里不由得暗想：也许罗克先生坚持不到节目完毕就烂醉如泥了，果然，进入播音间罗克就语无伦次了。正在这时，电话铃声骤然响起，苏菲拿起听筒。台长在电话里焦急地说："苏菲，我看罗克出了问题，你能打电话通知其他播音员，让他们过来接替他吗？"苏菲放下电话径直走进了演播室，她轻轻地把罗克移到一边，坐在了她期盼已久的工作台前。她打开麦克风的开关，坚定而自信地说："听众朋友们，大家好！

我是苏菲·莱斯，您忠实的音乐使者……"

这期节目播出后，苏菲大获成功。几年后，她成了美国最受欢迎的音乐节目主持人，最终实现了她的梦想。

绝不仅仅满足于做女人

成功需要经年累月的付出，胜利只能在坚持中等待。光有理想而不能为之坚持不懈地努力，是永远不可能实现的。

玛利亚·戈佩特·梅耶从小就患有原因不明的头痛病，这使她自幼便饱尝了人生痛苦的折磨。一般而言，像她这样一个体弱多病的女孩应该好好调养，可是，玛利亚的爸爸、儿科医生戈佩特教授却认为，孩子的病一部分是事实，另一部人则是大人们影响的。同样的一种病，出现在孩子身上本来也没什么大不了的，可大人们若惊惶失措或者情绪低落，这些负面效应会直接影响孩子，让他们觉得自己确实得了很严重的病，无形之中在心理上增加了包袱，这远比生理上的疾病更加让人感到可怕。

戈佩特对独生女儿玛利亚寄予了深深的厚望，他希望女儿能够成为戈佩特家族中的第七代教授！因此，他对女儿经常挂在嘴边的一句话是："不要仅仅满足于做女人。"他一有空闲就带着女儿、散步、旅游，与女儿一起观察宇宙，研究自然，并不失时机地启发女儿留心周边万事万物的特点与变化。戈佩特医生没把自己的女儿当病人看待，玛利亚也就渐渐地接受了"我不是病人"的"现实"。

随着年龄的增长，在玛利亚心中，"绝不仅仅满足于做女人"，"一定要当戈佩特家族中第七代教授”的想法越来越清晰，并逐渐成为玛利亚心中的至高追求。

在玛利亚居住的地方，仅有一所为有志于上大学的女性提供准备入学考试的学校，但由于战后经济的萧条，这所私立学校也不得不被迫关闭。此时，离玛利亚毕业考大学还有一年的时间，别无选择，要强的玛利亚决定提前一年参加考试。

“你做不到。”老师以不容置疑的口气说。

“我一定能做到！”玛利亚斩钉截铁地回答。

凭着坚定的信念和勤奋的精神，她终于以优异的成绩考取了哥丁根大学。

在哥丁根大学期间，玛利亚有幸接触到数学、物理、化学等领域里的众多专家学者，其中不乏诺贝尔奖得主，如玻恩、弗兰克等知名教授，这不仅使玛利亚开阔了视野，拓宽了知识面，更为她以后孜孜以求的顽强拼搏精神起到了强大的推动作用。

20世纪30年代初，获得博士学位的玛利亚随丈夫迁居美国。在此后20余年里，她的丈夫曾在约翰斯？霍普金斯大学、哥伦比亚大学、芝加哥大学等执掌教鞭，而玛利亚自己虽然也曾当过客座人员、志愿助理、协同人员、副研究员等职务，但是，由于种种刻薄条件的限制，她在科学领域刻苦勤奋地工作的20余年里，竟然连一分钱的薪水都没有拿到过。正是一颗对事业无比热爱的心，才使得玛利亚从不计较个人得失，心甘情愿地奉献着自己的青春年华。

1946年，40多岁的玛利亚把研究重点从化学物理方面转移到核物理学上来。经过深入研究，她于1948年独自提出了原子核结构的壳层模型，从而成功地解释了原子核的一大理论问题，因此而荣获1963年诺贝尔物理学奖。

文字烹调

一个人的成功除了机遇和天资外，真正离不开的还是一个“勤”字。“勤”不仅能补“拙”，更能助你一臂之力，让你出类拔萃，脱颖而出。从现在开始，让你变成一个“勤”一点的人吧！

玛格丽特·杜拉是法国女作家，出生在越南西贡的一个教师家庭。

少女时期的杜拉，像许多女孩子一样，喜欢幻想，十分快活。然而，她的父亲去世了，家里的生活日益窘迫，这给她的心里留下了阴影，她开始变得郁郁寡欢。为了排遣内心的烦恼，她开始用文字写出自己内心的感受，逐渐养成了爱好写作的习惯。

长大以后，杜拉移居法国巴黎。新到一个陌生的国度，她多少有些不适应。她经常怀念起幼年快乐的生活，这些不仅带给她创作的灵感，而且也促使她开始职业文学创作生涯。

杜拉习惯于晚上写作。每当夜深人静的时候，没有客人来访，没有债主打扰，这就成了她内心最宁静、精力最集中的时候，她就开始了一天的写作。通常，在写作之前，她会做好各种准备，如整齐地放着几叠稿纸。为了不让颜色使眼睛产生疲倦，纸张全部选择浅蓝色的，而且纸张的表面特别光滑，书写起来很流利。她的手边还放着一个小记事本，随时记录那些想到的一些情节上的构思。当这一切准备停当后，她才动笔。写作中，她很少间断，一直要写到手酸背痛、头昏眼花的时候才暂时放下笔，冲一杯自己制作的咖啡来休息一会儿。接着，又坐下来继续写，一直到早晨8点，她才离开书桌去用早餐。

用过早饭后，杜拉开始对稿样进行修改。修改过程中，她非常认真，稿样上密密麻麻地画满了修改符号，许多地方几乎是完全重新写的。类似这样的修改，有的地方甚至要反复多次，直到每个词句都让她感到满意为止。她幽默地把修改稿样称作“文字烹调”。当她把自己写出来的稿子“烹调”了三四个钟头以后，再去吃午饭。

午饭后，杜拉开始忙于摘记备忘录和写信，快到下午5点钟的时候，她才放下手中的笔，开始思考创作中的一些问题。她也会偶尔外出应酬，会见朋友。傍晚，当人们准备用晚餐的时候，杜拉开始睡下。她只睡4个小时左右，到了午夜12点，又起来开始新的一天的写作了。

就这样，杜拉完成了第一部小说《冒失鬼》，随后又完成了自传性畅销小说《拦住太平的堤坝》，出版后受到广泛好评。后来，她创作的小说《情人》，获得法国龚古尔文学奖，被翻译成40多种文字，在世界许多国家和地区出版。

不要找任何借口

别给你的心灵任何负面的暗示，别放弃努力，即使失败多次，也要告诉自己：“我要坚持，我能行！”

珍妮喜欢写作，她的朋友都认为她很有写作才能，但都很好奇她为什么不做职业作家。其实，在珍妮看来，她必须先有了灵感才能开始写作，而作家只有感觉精力充沛、创造力旺盛的时候，才能写出好作品。为了能够写出优秀作品，她觉得自己必须等待灵感来了之后，才能坐在打字机前开始写作。如果某一天她感觉缺乏激情，那就意味着那一整天一个字她也不会写。

然而，在生活中，要具备这些理想条件的机会并不是很多。因此，珍妮也就很难感到有多少好情绪可以使她成就任何事情，也很难感到有创作的欲望和灵感。这便使她的情绪更加不振，更难有好情绪出现，因此也越发地写不出来。

每当珍妮想要写作的时候，她的脑海里就变得一片空白。这种情况常常使她感到有点害怕。所以，为了避免眼睛看着空白的稿纸发呆，她干脆就离开打字机，去收拾一下花园，把写作的事情彻底忘掉，这时心里马上就觉得好受一些。她也用其他办法来摆脱这种心境，比如去打扫卫生间。但是，对于珍妮来说，在擦洗盥洗间或在花园里拔草、浇水，都无助于她写出文章来。

后来，珍妮借鉴了著名作家乔伊斯·奥茨的写作经验。在奥茨看来，对于情绪这种东西不能心软。他说，从一定意义上来说，写作本身也可以产生情绪。有时，她感到疲惫不堪，精神全无，似乎连5分钟也坚持不住了，但她仍然强迫自己坚持写下去，而且不知不觉地，在写作过程中情况完全变了样。

经过冷静的思考，珍妮的想法发生了改变。她认识到，要完成一项工作，必须待在能够实现目标的地方。要想写作，就非得在打字机前坐下来不可。于是，珍妮决定马上开始行动起来。她制订了一个写作计划。她把起床的闹钟定在每天早晨7点半。到了8点钟，她可以坐在打字机前。她的任务就是坐在那里，一直坐到她在纸上写满稿纸。如果写不出来，哪怕坐一整天，她也不会离开。此外，她还给自己规定：早晨打完一页纸才能吃早饭。

开始执行计划的第一天，珍妮忧心忡忡，直到下午两点钟她才打完一页纸。

第二天，珍妮有了很大进步。坐在打字机前不到两小时，她就打完了一页纸，较早地吃上了早饭。

第三天，珍妮很快就打完了一页纸，接着又连续打了五页纸，才想起吃早饭的事情。

这样坚持了半年多的时间，珍妮学会了如何面对艰难的写作工作。她的作品也终于完成了。

榜样的力量

人们都希望获得成功，都在探索成功的奥秘。成功的关键，取决于态度。积极的态度利于人成功。

1924年的一天，在美国纽约布朗克斯的一条人行道上，坐着一个黑头发的3岁女孩，无论她的母亲怎样哄她，小女孩只是一个劲地说："不！我要走新路回去！"围观的人终于明白，原来，母亲要带女孩顺着原路回家，可是，这个倔强的小女孩非要坚持走她选择的一条新路不可。最终，母亲妥协了。时隔53年后，当年的这个小姑娘站在斯德哥尔摩音乐厅的讲坛上，领取诺贝尔生理学及医学奖。她就是女科学家罗莎琳·苏斯曼·雅洛。

1921年7月19日，罗莎琳出生在纽约布朗克斯一个中下层犹太人家庭。17岁时她阅读了《居里夫人传》，她对自己说："居里夫人是我的榜样！"从此，她便认定居里夫人的路就是自己要走的路。她的这一想法，在周围人看来简直是天方夜谭。罗莎琳高中毕业时，母亲希望她当小学教师；她大学毕业后，父亲希望她去当中学教师。但是，罗莎琳说："居里夫人也是女人，她做出了许多男人做不到的事情，我相信自己也能像她那样度过一生。"而且，罗莎琳还保证：自己不仅要成为像一个居里夫人那样的大科学家，也要成为一个好妻子、好母亲。

然而，通往科学殿堂的路上布满了荆棘。罗莎琳是犹太人，又是一个女人，在当时她很难获得研究院的津贴。罗莎琳对自己说："犹太女人一定要当上科学家！"历尽艰难后，1941年，20岁的罗莎琳从亨特学院取得物理学与化学学士学位。这时，伊利诺斯大学的罗伯特·佩托恩教授破例收她当一名助教，并让她管理一个光学实验室。

1964年，罗莎琳和同事创建了放疗免疫测定法，这一发现立即轰动了美国的医学界。从1972年至1976年，罗莎琳先后荣获12项医学研究奖。1977年，她荣获了诺贝尔生理学及医学奖，最终她实现了诺言，不仅成为著名女科学家，而且还是有名的贤妻良母。

节俭是一种美德

古罗马哲学家说："节俭本身就是一大财源。"你养成了节俭的习惯，你会终生受益。

安萨里·史密斯是一个身价上亿的美籍伊朗裔女富豪。虽然，她坐拥亿万家财，可是，却开着一辆老旧的货车，戴着印有沃尔玛超市这种大众化标志的棒球帽；她理发时去镇上的小理发店，在折扣店里购买便宜的日常用品；公务外出时，她总是尽可能与女同事合住一个房间，而且选择的旅馆多是中档的；外出就餐时，她经常去家庭式小餐馆……

安萨里的节俭是出了名的。认识安萨里的一些人无法理解她为什么如此节省，他们对安萨里作为一个亿万富豪开着一辆破旧的小货车，或在超市里买衣服等做法大惑不解。也许，这只能从安萨里的成长经历中寻找原因。

安萨里出生在伊朗中西部小镇中的一个普通农民家庭，成长于大萧条时期，这一切造就了她努力工作和节俭的生活方式。安萨里公司的一位经理这样说道：“我们就是这样长大的。当有一枚一便士硬币丢在街上时，有多少人会走过去把它捡起来？我打赌我会，而且我知道安萨里也会。”因为安萨里从小就体会到了每一分钱的价值，她深知每一分钱都是辛苦赚来的，因而始终保持相当简朴的生活，与一般中产阶级家庭的生活水准几乎没有差别。她坦言，她并不指望她的子孙将来为上学去打工，但如果他们有追求奢华生活而不努力工作的想法，即使在她百年之后，她也会从地底下爬出来找他们算账的。所以，她告诫“他们最好现在就打消追求奢华生活的念头”。

有一次，一名员工被安萨里派去租车，很快安萨里又叫他退租，原因很简单，因为她不愿租用任何一种比小型汽车更大的汽车。这位员工解释说，安萨里不愿意让人看见她用的东西比属下用的更好；她搭乘飞机时，也只买二等舱。有一次安萨里要去南美，下属只买到了头等舱票，结果她很不高兴，但是也不得不去，因为这是最后一张票了。她的助手说：“这是我知道的她唯一一次坐头等舱的经历。”

安萨里在自传中写到：“我从很小起就知道，用自己双手挣取一美元是多么的艰辛，而且也体会到，当你这样做了，这是值得的。有一件事我和爸爸妈妈的看法一致，那就是绝不乱花一分钱！”

荣誉就像玩具

荣誉就好像是镜子里瞬息即逝的一个映像，它只代表过去所取得的成就。我们不能沉浸在过往的荣誉里，应该创造出新的辉煌。

居里夫人天下闻名，可是她把名誉看得很淡。

一些人碰见她便问她：“您是居里夫人吗？”

居里夫人总是平静地回答：“不是，您认错了。”

居里夫人出名以后，几乎每天都要收到世界各地慕名者要求签名的来信。为了摆脱这种干扰，她专门印了一种写着概不签名的卡片，每逢接到来信，就给对方寄一张。她一生获得各种奖金10次，各种奖章16枚，各种名誉头衔117个，但对所有的这一切她似乎都不以为意。

有一天，一位女友来她家做客。女友看见居里夫人的小女儿正在玩英国皇家学会颁发给居里夫人的奖章。

女友诧异地说：“这是极高的荣誉，你怎么能给孩子玩呢？”

居里夫人笑了笑说：“我是想让孩子从小就知道，荣誉就像玩具，只能玩玩而已，绝不能永远守着它，否则就将一事无成。”

做好不体面的工作

在人生的道路上首先需要面对的就是困难和挫折，敢于战胜困难的人往往会站到成功的领奖台上，而畏惧困难的人最终则可能站在成功的阴影里。

艾伦·纽哈斯是美国一家上市公司的首席执行官，掌管着公司的庞大资产，统领数以万计的员工。她的年薪高达150万美元。在美国人眼里，艾伦从事的是一份体面又实惠的工作，让很多人羡慕不已。但艾伦所拥有的一切并非凭空等来，而是自己多年来努力的结果。

回想起童年的经历，艾伦感叹道："即使你做的是一件恶心的活儿，只要认真做下去，而且尽量做好，你八成可能会得到提升，之后，你就再也不用做那样的活儿了，这比当个无用的人混日子强多了。"

艾伦9岁的时候，在她祖父那里，得到了平生以来的第一份差事，也就是用手去捡牧场上的干牛粪！这种苦差事一般的女孩子都不愿意做，因为大家都认为，这绝不是体面的工作，而且没有任何报酬，只不过她祖父为她提供免费食宿而已，但小艾伦没有怨言，她尽心尽职，认真地做这份活儿。

过了一段时间，小艾伦的祖母开车来学校接她，并高兴地转告她说："小艾伦，祖父就要把你想要的新差事给你了。你将拥有自己的马匹去放牧。因为去年夏天你捡牛粪的时候表现得很棒！"

就这样，小艾伦得到了第一次"提升"，她很开心。一个小小的信念开始在她脑海里萌发——过一段时间，她要自己尝试找一份赚钱的新工作。

果然，小艾伦后来成了美联社的一名记者，每星期薪金50美元。但她仍然卖力地做事，尽职尽责。

这样的日子又过了很多年，艾伦再也不是当年的那个黄毛丫头了。她经过多次历练，更加成熟了，最后终于被聘为令人敬重的首席执行官。

第六辑

有一种成功叫自强

每天10分钟

任何事情的完成都需要时间的消耗，没有人能够在懒懒散散或虚度中有所成就。你必须抓紧每一分每一秒来让自己向目标靠近。要做时间的主人，不仅需要勇气，还需要理智，以及最重要的一条——坚持不懈。

一个秋日的下午，学生们陆续回家了，校园里恢复了宁静。

琳达像往日一样，利用课后时间来到学校的琴房练琴。她打开琴盖，弹奏理查德·克莱德曼的名曲《秋日私语》，优美的旋律回荡在空旷的琴房里，纯美的音质显示出弹奏者深厚的功底。

悠扬的琴声吸引来一位年轻的老师，她听见琴房的声音轻轻地走了进来。

老师羡慕地问琳达："我是新来的数学老师，如果我能像你这样娴熟地演奏，需要练习多长时间？"

琳达微笑着说："10分钟。"

看着老师疑惑而又惊奇的样子，琳达认真地说："是真的！不过我说的是每天10分钟。"

两个人交谈了一会儿，谈话中老师不停地点头称赞。原来，琳达只是一位6年级学生，以前根本就没有多少音乐知识。5年前，一个富商捐赠给学校一架钢琴，因为学校里几乎没有人会弹，那架钢琴便一直放在琴房里，很少有人碰它。于是，琳达便利用每次课间的10分钟，到琴房里练琴。每次练习她只有10分钟的时间，上课铃声一响，她就得赶紧跑回教室。

后来，学校里有了音乐教师，她仔细听了琳达弹的《秋日私语》，除了弹错一个音符之外，其他地方竟然无懈可击。5年来，就靠这每天的10分钟，琳达的演奏达到了这样的水平，这已经远远超出了一般人的想象，音乐教师也由衷地为她鼓掌。

湾仔码头水饺

在通往成功的路上，有的女孩是强者，她们能扼住命运的喉咙，有的女孩却被命运扼住了喉咙。事实上，只要你不认命，不服输，并且能因势利导，乘好风上青云，那么结果一定会如你所愿，最终实现心中的梦想。

30年前，臧健和并没有想到要当一个亿万女富豪，那时的她只希望能有一个和睦的家庭。

臧健和辗转来到香港，举目无亲，身无分文。除了一种永不低头的精神，她一无所有。

很快，她就陷入了捉襟见肘的生活。两个女儿有时饿坏了，只能啃自己的手指头。就在她最疲惫的时候，不幸却降临了。一天，她蹲在街边洗碗，一辆运货车突然失控，将她撞倒在地。那人跟她说了一些话，但她一句也没听懂。回到家，腰部一阵钻心地疼痛，邻居送她到医院检查，发现是腰骨挫裂伤，还伴有严重的糖尿病。

伤愈后，她不能再做重体力劳动了，有一个朋友建议她去卖水饺。

久而久之，一传十，十传百，臧健和的水饺卖出了名气。报纸、电台等各大小媒体争相报道。慕名前来的食客要排一个半钟头的队，才可以买到。她们的生活可以衣食无忧了。

1981年，政府取缔小贩，她便改在家里做生意，许多顾客都会找上门来，生活并未受到影响。一天，经亲戚介绍，日本大丸百货公司的老板找来，对她的水饺大为赞赏，说想跟她合作，由他出资建厂，办牌照，臧健和来负责；另一个条件是要用他们的包装。臧健和想，这样一来，中国水饺不就变成了日本水饺了吗？她在把技术卖给他们以后，他们还会不会与她合作呢？如果不，那她所有的心血岂不付诸东流？于是，她强烈反对。亲戚很不理解。他们说，天上掉下的馅饼，你还这么挑剔？其实，她早已成竹在胸，产品好，不愁找不到合作商。最重要的是不能丧失一个中国人的骨气。

日本人虽然答应了她的条件，却一而再、再而三地与她讨价还价。臧健和不卑不亢地列举理由：到超级市场的产品要改良包装，增加成本，价钱自然要贵，否则就不合作。

最后，日本人居然破例答应了她的条件。亲戚非常吃惊："一个在家里做水饺的家庭妇女，竟然能把狡诈的日本商人弄得唯命是从。"而她认为，你不据理力争，就会被别人欺诈、被算计。

臧健和与日本人的合作非常成功。几年里，她的三家工厂先后走上了轨道。1991年，在香港贸发局举办的食品节上，她的"湾仔码头"水饺获得嘉宾一致好评。此后，她的产品成功地进入了八佰伴、万嘉等世界著名商场。1997年，香港回归祖国，臧健和百感交集，她要把多年来苦心钻研的成果带回去。1998年，她在上海浦东金桥区购买了20亩地，与美国合资兴建了一间大型现代化工厂，前期投资在6000万到1亿美元，在全国各地兴建6个到10个工厂。为了保持中国水饺的传统，臧健和固执地坚持最后一道工序用手包。在上海，每天有300名工人在作业。臧健和有一个梦想，让中国水饺像美国的汉堡一样，在全世界都能看到。

每个拥有双手的人都是大富翁

只要我们拥有健康、智慧和双手，就可以创造出人间奇迹。

席菠德大学还没念完就辍学了，但她却拥有10个名誉学位。她和很多成功的人物一样，虽然少了那张毕业证书，但可不能说她没受过教育。她上学的地方，是全美国最好的大学之一，也就是“社会大学”。从这个大学拿到的学位，等于是成功的保证，因为在那里学到的，远比象牙塔里所传授的理论要实际得多，而且更有价值。

朋友和同事们都喜欢以她的小名“蜜姬”来叫她。蜜姬是个非常有毅力并且勤奋的女人，不会因为遇到阻碍就退缩。虽然出身寒微，但她却披荆斩棘，为女性在华尔街开拓了一片天空。不过，她在成为别人尊称的“华尔街女皇”之前，一路走来，受过很多委屈，吃过不少苦头。华尔街的男人曾经多次想把她排挤出这个圈子，但都没有成功。蜜姬在华尔街交易大厅的乱军之中攻城略地，在这个曾经是男人禁脔的战场，成功地建立了自己的滩头堡。

现在，她是席菠德公司的老板。这是一家提供折扣佣金的证券经纪商，蜜姬从零开始，自己一手创建起来。

不过，她可不是一开始就是华尔街上流社会的成员。事实上，当这个来自俄亥俄州克里夫兰的新面孔初到华尔街的时候，甚至连最基层的位置都进不去。

刚开始的时候，蜜姬真是到处碰钉子，样样都不顺利。她应征过联合国的工作，但因为只会说一种语言，败兴而归。她有个表哥，名叫罗思曼，担任过美国驻联合国大使。不过，他没办法给她从事外交工作所必备的条件，也就是大学文凭和第二外语的能力。

接着，她试着向华尔街叩关。当时最大的公司美林证券，也因为她没有文凭而浇了她一头冷水。于是，下一次找工作的时候，她就说自己是个大学毕业生。后来巴克公司录用了她。她一直到后来向纽约证券交易所申请会员席位的时候，才说破了当初撒的这个谎。那时候，她已经证明一个人只要有勇气和足够的努力，就算没有大学文凭，也照样可以在华尔街这个金融重镇出人头地。后来的一切都是她努力的结果，她笑着说：我的金山都是我的勤奋换来的。

女球星

在人的一生中，无论是谁都有可能遇到困难和挫折，但只要我们不放弃，对未来充满信心，那么，就像孙雯一样，下一次成功的人就是你。

有一个女孩，她对足球十分痴迷，一个偶然机会，她被父亲送到了一所体校踢足球。

刚开始，这个女孩并不是一位出色的球员，因为此前她没有受过正规训练，所以她踢球的意识、动作都比不上先入校的队友。这个女孩在训练踢球时常常受到队友的奚落，她被说成是“野路子”球员，没有发展前途。女孩一度因此情绪低落。

在体校里，每个足球队员的目标都是能进职业队，并成为主力队员。这时，职业队也经常来体校挑选“好苗子”做后备队员。每次挑选队员，这个女孩都卖力地踢球，在场上尽力表现一番，然而终场的哨声响了，这个女孩却总是没有被选中。她的队友陆续进了职业队，没选中的队友也有人悄悄离队了。

虽然，这个女孩平时训练最刻苦，在场上的意识也不错，但她个头不高，又是半路出家，加之每次选人时，她都迫切地希望被选中，越是希望被选上，心理压力就越大，上场后就越是显得紧张，以致平时训练的水平常常难以发挥出来。

这个女孩的足球职业前程似乎很黯淡，她心里也萌发了离开体校放弃踢球的念头。于是，女孩带着困惑问她的教练自己该怎么办。教练还是重复着以前劝慰她的话："名额不够，下一次就是你。"女孩却似乎又看到了希望，重新树立了信心，练球的劲头更足了。

一年之后，职业队又来人挑选女球员了。这个女孩第二天就收到了职业队的录取通知书，从此走上了职业球员的道路。她在职业队受到了系统的实战训练，更加充满了信心，很快便脱颖而出，成为一名女球星。她就是我国著名女球星孙雯，她曾获得"20世纪世界最佳女子足球运动员"称号。

后来，孙雯讲述这段往事时，感慨地说："一个人在人生低谷中徘徊，感觉自己支持不下去的时候，其实就是黎明的前夜，只要你坚持一下，再坚持一下，前面肯定是一道亮丽的彩虹。"

大不了从头再来

不嫌苦，不畏难，不退缩，不气馁，充满自信，不怕一次又一次的跌倒。

被称为“商界奇女”“文学奇才”的梁凤仪女士，屡次面对挫折，都没有轻言失败，正是因为她拥有良好的心态和不怕挫折的精神，才最终达到了自己人生的顶峰。

早年，梁凤仪在学校里的表现就非常突出，她性格泼辣，热情大方，完全不同于富裕家庭的小姐。梁凤仪进入香港中文大学后，更是务实肯干。她写剧本、演戏、当电视主持人，这些经历为她此后的成功做了重要的铺垫。后来，梁凤仪只身去了美国威斯康星大学，新来乍到，一时没有找到工作，连生活都成了问题，她只好去一家中国餐馆打工。她每周工作7天，每天早上6点就得起来上班，一直忙到晚上12点才能下班。

一年之后，梁凤仪返回香港，受聘为编剧及戏剧制作人。在娱乐圈内工作了一段时间之后，她感觉影视界的工作环境与自己的个性有很大差距，于是开始尝试创业。

过了两年，梁凤仪创办了碧利菲佣公司，业务是为香港家庭引进菲律宾女佣，此举成为香港社会发展史上的一大创举。通过这次创业，梁凤仪的商业智慧、市场眼光与管理能力，得到了商界人士的肯定，为她后来的成功赢得了契机。此后，梁凤仪先后出任多家大公司高级主管，为以后的写作积累了大量素材。

1988年是梁凤仪的人生转折点。她多年身处财经圈子内，曾经是一名出色的编剧，于是，她以财经为题材，开始写作言情小说，并成立了“勤+缘”出版社，以商业的方式将自己的作品大规模推广到全中国、加拿大以及东南亚等地。她的作品多以都市商界为背景，演绎职业女性的爱情、婚姻、家庭故事，被人称为“财经小说”。

2005年，“勤＋缘”媒体服务公司在香港上市，梁凤仪跻身亿万富翁行列，成为一名靠智慧成功的女性。

获得知识的道路没有捷径

人常说：“一分耕耘，一分收获。”也许你并不是最聪明的女孩子，但只要你是最勤奋的女孩子，那么你就一定能取得成功!

邓亚萍是乒乓球史上一位著名的选手，先后获得过14次世界冠军；在世界乒坛连续8年排名第一，是第一位蝉联奥运会乒乓球金牌的运动员。

1996年亚特兰大奥运会结束后，邓亚萍开始设计自己退役之后的人生。同年底，邓亚萍被奥委会主席萨马兰奇提名为国际奥委会运动委员会委员。这既是国际奥委会的重用和信任，也是一次严峻的挑战。奥委会的办公语言是英语和法语，然而，邓亚萍当时的英语基础几乎是零，法语也是一窍不通。

面对如此重要的工作岗位和自己外语水平的反差，邓亚萍心急如焚。1997年，她怀着兴奋而又忐忑的心情迈进了清华大学。刚入校的时候，老师为了给她制订教学计划和方案，想看看邓亚萍的英语水平到底如何，就让她写出26个英文字母。

在测试中，邓亚萍费了不少心思，总算把26个英文字母写了出来。她看着几个大写、几个小写的答卷，自己都有些不好意思了，便对老师说：“我的英语水平也就这个样子了。但请老师放心，我一定努力！”

当时，邓亚萍的英语水平几乎是一张白纸，既没有英文的底子，更别说有口语交流能力了。上课时，老师在课上讲的内容对她来说就像听天书，她只能尽力一字不漏地听着、记着，回到宿舍，再一点点地消化。

为了尽快弥补自己的差距，邓亚萍给自己制订了学习计划：一切从零开始，坚持“三个第一”——从课本第一页学起，从第一个字母读起，从第一个单词背起；每天必须保证14个小时的学习时间，每天5点准时起床，读音标、背单词、练听力，直到正式上课；晚上整理讲义，温习功课，直到深夜12点。

由于全身心地投入学习，邓亚萍几乎完全取消了与朋友的聚会及一般的社会活动，就连给父母打电话的次数也大大减少了。为了提高自己的听力和会话能力，她除了定期去语音室之外，还买来多功能复读机。由于总是一边听磁带，一边跟着读，同学们总是跟她开玩笑：“你成天读个不停，当心嘴唇磨出茧子呀！”但她相信：没有超人的付出，就不会有超人的成绩。

最终，经过日复一日的努力，邓亚萍圆满地完成了学业。

中国的居里夫人

青春是有限的，智慧是无穷的，趁短短的青春去学无穷的智慧，你就可以成为智慧的女性，成为社会生活中的佼佼者。否则不光人要变得浅薄，也将被社会前进的步伐所抛弃。

在浩瀚的星空里有一颗小行星，它的名字叫“吴健雄星”，这是中国科学院紫金山天文台于1990年以世界著名女物理学家吴健雄的名字命名的。吴健雄女士以其对物理学的杰出贡献，赢得了全世界的赞誉，也为自己赢得了“中国的居里夫人”的桂冠，并最终将自己的名字留在了永恒的星空。

1929年，吴健雄以最佳成绩从苏州女子师范学校毕业，并获准保送进入中央大学。按当时的规定，师范学生保送上大学需要先教书一年。于是她进入私立中国公学任教并继续学习。当时，胡适在该校兼任校长并讲授“清朝三百年思想史”课程。

在一次考试阅卷之后，胡适兴奋地对同在公学执教的其他两位教师说：“我从来没有看到一个学生，对清朝思想史阐述得这么透彻，我打了一个满分。”那两位教师也说，班上有个学生总得满分。三位教师分别把得满分的学生的名字写了下来，拿出来一看，居然都是写着“吴健雄”。他们开怀大笑道：“怪不得她能保送进中央大学呢！”

1930年，吴健雄进入中央大学攻读数学专业。她在求知欲的驱动下，翻阅了一些有关X光、电子、放射性、相对论等方面的书籍，很快便被伦琴、贝克勒尔、居里夫妇、爱因斯坦等科学巨匠给深深地吸引住了。于是，吴健雄第二学年申请转到了物理学系。

在学校里，吴健雄经常闭门读书，很少参与娱乐活动，节假日也难得出去。她有一位叔父在南京任职，星期天总是开车来校，想接侄女到郊外“换换脑筋”，可每次载走的总是吴健雄的同学。

此后历经数十年的勤奋学习和研究，吴健雄为世界现代物理学的发展做出了杰出的贡献，1944年她参加了制造原子弹的“曼哈顿计划”，解决了连锁反应无法延续的重大难题，被人们称为“原子弹之母”。她还验证了著名的物理定律，成为名副其实的“世界物理女王”。

唯有勤奋而已

优秀的女孩从小就需要培养其勤奋的习惯，比如：独立完成作业，遇到难题自己想办法解决，课外用功多读一些与所学知识相关的书籍。只要有了勤奋的习惯，你将终生受益，即使以后遇到再难的知识堡垒，你也是可以攻克它的。

我国女科学家林兰英小时候，家境很困难，父母无法同时供养几个孩子上学。

林兰英小学毕业后，一天晚上，母亲把她叫到跟前说：“一个姑娘读到小学毕业，识几个字就不错了，念那么多书也没啥用处。你的几个姐姐都能做家务活了，你上学不但不挣钱，还要花钱，家里哪有钱供你呀？你小学毕业就别再念书了。”

林兰英知道家里不宽裕，就对妈妈说：“我听说中学有规定，考试得第一名可以免除学杂费。我向您保证，上中学后我一定好好学习，考了第一名，就不用家里交学杂费了。”母亲看她这么想读书，也就答应了。不过，母亲并没有把女儿许诺考第一名的事情放在心上，她想：一个女孩子，哪能那么容易就考第一名呀！让她再读半年，到时考不到第一，女儿也就会自己主动退学的。

林兰英上了初中之后，班里只有她一个女生，几乎所有的男生都看不起她。但是她并没有感到自卑，反而更坚定了考第一名的决心。于是，她在课前认真预习，上课时仔细听讲，课后认真复习。课余时间，其他同学休息和玩耍时，林兰英仍然在学习。

经过半年的努力，林兰英在考试中果然取得了第一名，争取到了免除学杂费的机会。她的母亲以为这只是一个偶然，既然她与女儿有约在先，也就不好再劝女儿停学了。

第二个学期期末，林兰英又拿回了第一名的奖状。母亲又惊又喜。父母看到自己的女儿这么有志气，两次都考了第一名，都打心眼儿里高兴，于是就让女儿继续读书。母亲告诉女儿："只要你努力学习，父母再苦再难，也要供你读完初中！"

林兰英没有辜负父母的期望，也没有放松对自己的要求，为了实现自己许下的诺言，她付出了超乎常人的辛苦和努力。从初一到初三的三年中，她一共得了6个第一名。

后来，林兰英终于事业有成，在半导体材料领域为国家做出了重大贡献，成为国内外知名的科学家。

琼　瑶

每一个懂得如何读书的人，都懂得如何利用所学来增进自己的能力，改善自己的生活方式，并使生活充满意义与乐趣。"书中自有黄金屋"，读书可以使你从书本里获取智慧和力量，也可以为你创造财富。

琼瑶小的时候，妈妈一有空儿就给她讲故事，讲嫦娥奔月、讲七仙女下凡到人间洗澡的传说，还教她背唐诗。

由于妈妈的早期教育，小琼瑶8岁时，便在语文学科上有着特殊的天赋——上学的第一天，她就能一字不漏地通读整篇课文。教师对此大为惊讶，其他同学也纷纷向她投去赞佩的目光。

为了更好地培养这个出众的学生，老师课外总要给小琼瑶增加学习任务，对她要求得非常严格。小琼瑶每次都能出色地完成作业，成绩在班级里一直名列前茅。

有一天，小琼瑶经过学校的墙报栏时，她看到了一篇题目叫《小狍的自述》的作文，文章写得生动有趣，语言流畅，故事情节感人，这篇文章深深地吸引了她。

回家后，小琼瑶的心再也不能平静，一种强烈的、抑制不住的写作欲望撞击着她的内心。她急切地铺开作文簿，一气呵成地写完了一篇充满纯真感情的作文《我的母亲》。

从此以后，小琼瑶坚持练习写作。9岁的时候，她在上海《大公报》副刊儿童版发表了一部短篇小说《可怜的小青》，这是她根据一个真实的故事编写的。16岁的时候，她又以母亲的字“心如”为笔名，写作了小说《云影》，刊登在当时台湾有名的《晨光》杂志上，成了一名名副其实的少女作家。

琼瑶从此一发而不可收拾，强烈的创作欲使她成为中国家喻户晓的作家和世界上著名的多产作家之一。

主动成就大业

在制定目标的时候，不妨参考过去最好的成绩，使其发扬光大。这必须成为你未来生活的目标。永远不要担心目标过高。

1961年，一个8岁的中国台湾省女孩，随着母亲和妹妹坐上了开往美国的渡轮，在海上漂泊了一个月后，她们终于看到了自由女神像。

然而，初到美国，这个女孩连一句英语也听不懂，每天上课时，她只能把老师写在黑板上的所有内容统统抄下来。到了晚上，再让父亲把笔记本上的东西译成中文，靠这种方式了解课程的内容。同时，她的父亲不得不从ABC开始，为她补习英语，并告诉她一些美国人的生活习惯，目的是让她能尽快适应在美国的生活。

由于贫穷，加上语言不通，这个女孩羞怯而自卑。她没有漂亮的衣服，听不懂别人的话，更不敢和人说话。在班级里，她像个丑小鸭，缩在自己的小天地里，没有朋友，也没有人愿意和她玩。除了每天回家后，一家人其乐融融之外，她的生活并不快乐。幸好，这种情况很快就得到了改变。

每年的10月31日是万圣节，这一天，美国的小孩子都要打扮成小精灵、小魔鬼，挨家挨户地要糖果。

女孩儿和妹妹正在家里的餐桌上学习，突然门铃响了，当时她们根本就没有朋友，也没有邻居，姐妹俩感到很奇怪，谁会摁响她家的门铃呢?

姐姐打开了门，一群“小魔鬼”“小精灵”嘴里念念有词，说“不给糖果就捣蛋”。女孩儿和妹妹不懂他们说的是什么，以为遇到了强盗打劫，赶忙把家里所有的糖果和面包都给了那些孩子。

后来，姐妹俩知道了是怎么回事。这次的经历让这个女孩明白了一个道理，要想也像其他孩子那样，在万圣节这一天吃到免费的糖果，自己就必须主动“出击”。

1975年，女孩儿以优异的成绩毕业于荷里克山大学，4年后她又获得世界著名学府哈佛大学商学院硕士学位。凭着自己的勤奋和努力，她一跃成长为一名银行金融和财务管理方面的专家。毕业后的短短几年内，她出任了旧金山美国商业银行国际金融副总裁职位。

正当她的事业蒸蒸日上的时候，她却毅然辞去了这个令人羡慕的职位，向白宫递交了一份实习生申请表。经过了层层筛选后，她成为当年度13名白宫实习生中唯一的华裔。她被安排在白宫的政策发展部门工作。在此期间，她体会到这个世界有多大，体验到自己从没见过的政府部门管理运作机制。她几乎每天都能接触到许多新的信息和知识，这所有的一切使她的能力有了进一步的提升。

这个女孩名叫赵小兰，2001年1月1日，在经历了十多年的努力之后，她终于登上了美国劳工部长的宝座，成为进入第一个美国内阁的华裔。

女富翁创业记

现实中到处蕴藏着机遇，只是许多人没有发现。因而，女孩要勤奋学习，用知识武装头脑，充分发挥聪明才智，提高自己发现和把握机遇的能力，这样才可能走向成功。

也许有人会认为，如果玩布娃娃的话，45岁的妇女已经太老了。但是这对于快乐的罗兰女士来说却是一个历史性的开始。

罗兰在她45岁创办快乐公司之前，曾经做过小学教师、电视台记者、教科书的撰稿人以及一本小杂志的出版商，中年时才向儿童玩具业进军，不但使她成为全美小女孩心中的英雄，更让她成了一位玩具业的巨人。

几乎每个人都认为，小女孩在超过6岁后就会抛弃洋娃娃，但是，罗兰不这么想，她认为7~12岁之间的女孩是一个被玩具商忽视的消费群体，而这里面蕴藏着巨大商机。在推出面向这一年龄段的女孩的玩具娃娃和书的配套系列——“美国女孩”产品后，“美国女孩”以8200万个娃娃和700万本书的销量成为美国市场上仅次于芭比娃娃的第二大畅销玩具，年销售额高达数亿美元。

罗兰的事业是这样开始的：1984年，她和丈夫参加了在威廉斯堡举行的一个传统活动。本来她以为只会是一个愉快的假期，但事实上它成了她生命中一段最宝贵的经历之一。在那次活动期间，罗兰坐在教堂的高背长椅上，回想乔治·华盛顿曾经到过这里，派瑞克·亨利也在这里发表过演讲……所有这些都深深地吸引着她。她情不自禁地想到，学校给孩子们上的历史课是多么的乏味，不能让更多的孩子来参观这里活生生的历史教室是一件多么悲哀的事情。于是，她就想着自己能在这一方面做些什么。

在接下来的圣诞节，罗兰想给自己8岁和10岁的侄女每人买一个布娃娃。但令让她意外的是，洋白菜补丁娃娃充斥了整个圣诞节市场。她觉得这类布娃娃的样子很丑，芭比娃娃又不是她想要的那一种，因而她相信在那个圣诞节她不是唯一感到失望的美国妇女。

这时，一个念头突然在罗兰的脑海里诞生了。她立刻给最亲密的朋友写了一张明信片，让这位朋友为9岁的女孩制作一套讲述不同历史时期的图书，同时配备穿着不同时代服装的布娃娃，以及一些可以让孩子们演出的附属玩意儿。

在这个想法成型后，罗兰用一周的时间制作了一份包括系列图书、娃娃服装样式、生产线等规划内容的商业计划书。这一商业创意取得了巨大的成功。在此后的4年里，只凭借邮寄广告目录和口口相传，“美国女孩”的品牌价值就上升到7700万美元。

为了扩大品牌，罗兰和她的快乐公司又推出面向更年轻的女孩的婴儿娃娃和配套图书，应孩子们的要求创作出更时髦的娃娃、《美国女孩》杂志以及讲述怎样人际交往等知识的书籍。在随后的5年里，“美国女孩”的营业额以每年5000万美元的速度增长，最终达到了3亿美元。

几年的工夫，罗兰就成为亿万富翁。

华尔街的女强人

在生活中，一个人经常会碰到许多实际问题，需要及时地做出正确地抉择，否则就会贻误时机。女孩尤其需要培养敢于决断的魄力，以利于事业成功。

缪莉尔·塞伯特是一个敢作敢为的女性。自从她1950年从美国中西部来到纽约这个世界金融中心以后，她就一次又一次地表现出她是一个有进取心、做事绝不缩手缩脚的职业女性。

塞伯特女士在担任纽约州银行业管理官一年之后，香港一家银行要收购纽约的海洋密兰银行。是否允许让一家外国银行取得这家纽约州的银行的控股权呢？塞伯特女士和凯里州长有不同的看法。塞伯特公开反对她的上司——纽约州州长休·凯里。当时，她虽然受到可能被撤职的威胁，但她却毫不畏缩，顽强地坚持在纽约州买卖银行股权的法律规定，于是这宗收购事件陷于流产。

1981年，塞伯特处理在另一件事情上又一次表现了她办事的才能和魄力。早在一年前，塞伯特就清楚，纽约州的格林尼治储蓄银行如果得不到援助，就会被迫关门倒闭。原因是这家银行付给存款客户高利息，而其收入来源却是低息抵押，结果必然是入不敷出，濒临破产边缘。如果这家银行倒闭，它不仅是一宗大银行破产事件，而且可能产生连锁反应，引起其他储蓄银行发生挤提事件。

为了避免这一后果发生，塞伯特女士果断决策，和联邦储蓄保险公司一道谋求挽救办法。她力求在纽约州找一家实力雄厚的储蓄银行，兼并格林尼治储蓄银行。她上门找过许多储蓄银行，但它们都表示不感兴趣。经过半年多努力，她终于说服了纽约的大都会储蓄银行收购格林尼治储蓄银行，她同时使联邦储蓄保险公司同意发放巨资为大都会储蓄银行“输血”，最终使后者避免了破产倒闭的命运。

塞伯特女士为人的直率，处事果断，使她在面临任何困难和问题时，都有坚强的自信心和强烈的责任感，敢于决断，也使她从华尔街一家股票经纪公司的调查员成长为第一个在纽约股票交易所购得一个座位的女强人。现在，在塞伯特管辖之下，她对之拥有裁判权的金融机构的资产合计达5000亿美元。她本人成了纽约州银行业的一个重要人物，是华尔街一位权力巨大的女强人。

玩具奇才

死读书的人终了都是平庸之辈，敢于创新造才可能把你的生活品质提高到一个你希望的境界。

玛丽·罗达斯，是美国卡特玩具公司的副总裁，专门负责这家大企业的推销业务。当她出现在人们面前时，几乎每一个人都会感觉意外，因为她还是一位稚气未脱的少女。实际上，她当时的年龄还不满15岁。

玛丽的成功源于一段近乎传奇的经历。在她4岁的时候，她的父亲是一名装修工。有一次，她的父亲在新落成的大厦里给人家装修公寓，小玛丽跟着父亲也去了。在她父亲干活时，小玛丽在这儿比一比，在那儿划一划，非叫她父亲按照她的想法做不可，她的父亲执拗不过，就按照小玛丽“设计”的施工。果然，装修后的房间很漂亮。这家公寓的业主叫斯佩克，他喜欢独出心裁的装修，随即发现了小玛丽在创意方面的天赋。

斯佩克是卡特玩具公司的老板兼设计师，曾设计过上百种玩具，其中不少产品受到孩子们的喜爱。他开办公司短短几年里，就积累了大笔财富，并在业界崭露头角。于是，斯佩克就邀请小玛丽试玩他新设计的玩具样品，对玩具样品的色彩、装配，大胆地发表自己的看法。小玛丽提出了不少意见，斯佩克当做极有价值的想法。为此，他对玩具设计做了改进，投入生产后销售量猛增几倍。小玛丽的建议让玩具公司赚了大钱，老板斯佩克决定用优厚的酬金聘用小玛丽成为公司的成员。当然，这时，小玛丽还离不开她父母。虽然，她每月从这个公司领取高额薪金，定期为老板的产品“鉴定”样品，但她更多的时间还是在学校里读书，照常和她的父母生活在一起。

小玛丽逐渐长大了，她对玩具的热情没有丝毫减退，鉴赏玩具的才能也得到了进一步发挥。在这期间，卡特玩具公司曾经推出了一个叫做“巴尔扎克”的玩具，看上去像是一枚裹着各色花布的圆球。在设计和推销过程中，小玛丽多次提出许多新颖的建议，公司按照她的建议做了改进。新产品问世后，随即风靡全美国，成了孩子们最喜爱的玩具之一。斯佩克看准时机，扩大了销售范围，把产品推向海外，在世界各地卖出了几百万件，小玛丽的“点子”又给公司老板赚了大钱，成了公司壮大发展的有功之臣，她名正言顺地获取了该公司5%的股份，当时市值高达7000万美元。而像她这般年龄的小女孩，差不多还只知道向父母要钱花呢，她却坐拥千万资产，成为众多少女羡慕的“阔小姐”。

其实，小玛丽到美国和世界各地去推销儿童玩具，为卡特玩具公司拓展业务的时候，只是在学校放假的时候才去做。平时，她就像美国普通的女中学生一样。去学校上学，上课写作业，而且她在学习上非常刻苦用功。

玛丽·罗达斯年满18岁的时候了，已经算是一位小富豪了，她花的每一分钱都是自己靠智慧赚来的。

心想事成

西方有一句谚语："条条道路通罗马"。成功的道路也不止一条，但是，成功者有一个共同点：为了实现心中的理想，想方设法抓住机会，朝着这个目标坚定地前进。

爱德华·包克小时候爱好写作，那时，她就梦想着将来长大了创办一种杂志，她自己担任主编，并亲自为杂志撰写稿子。中学毕业后，她就开始四处打工，根本没有机会写作。

有一天，爱德华走路时看见地上有一个干净的纸烟盒，她下意识地捡了起来，这个纸烟盒里已经没有香烟了，只有一张纸条，上面印着一个著名女演员的照片。在这张照片下面有一句话：这是一套照片中的一幅。烟草公司欲促使买烟者收集一套照片。原来，这是烟草商在每个烟盒里都附赠的印刷品，目的是为了促销。

爱德华把这个纸片翻过来，发现纸条的背面竟然完全是空白的，她感到这里蕴藏着一个机会。因为她设想，如果把这些纸条充分利用起来，在它空白的那一面印上照片上的人物的小传，这种照片的价值就可以大大提高了。

于是，爱德华找到印刷这种纸条的公司，向这家公司经理说明了她的想法。这位经理立即说道："如果你给我写100位美国名人小传，每篇100字，我将每篇付给你100美元。请你给我送来一张名人的名单，并把它分类，你知道，人物可以分为总统、将军、演员、作家，等等。"爱德华随即就答应了下来，这就是她最早的写作任务。

爱德华完成了这笔业务之后，很多印刷公司也上门找她编写类似的名人小传。以致她不得不请人帮忙。起初，爱德华让她的弟弟帮忙，她弟弟每写一篇她就付给5美元。随着业务量与日俱增，爱德华又请了5名新闻记者帮忙写作小传。

通过给众多平板画印刷厂编写名人小传，爱德华赚来了她的第一笔财富。后来，她收购了《家庭》杂志，果真成为名副其实的主编，圆了她的梦想。

转移经验

经验是智慧的源泉。一个人要提升自己的社会地位和人生价值，离不开社会经验和工作经验。无论哪种经验都是在刻苦努力中得到的，也只有岁月的磨炼才能使它成熟。

很多年前，奥地利有一个名叫奥妮·布鲁斯的女医生。

有一天，一个病人来到她的诊所就诊，她查来查去也没有查出病因，结果没过几天这个病人就死了。奥妮感到有些内疚。她觉得应该弄清这个死者的病因，于是就解剖了尸体，她发现死者的胸腔有大量的脓水积液。

奥妮医生苦苦思索，再碰到这种病，该用什么方法诊治呢？她一时还真想不出什么好办法来。

奥妮的父亲是个酿酒师。她家的酒窖里摆满了许多装酒的大木桶。她父亲凭敲击木桶的声音，就能断定木桶里是否有酒或者有多少酒。奥妮突然想到，人的胸腔也和装酒的木桶一样，中间都是空的，凭敲击木桶能估计出桶里有多少酒，胸腔中如果有积液不是也可以用这个方法来诊断吗？

医学上的“叩诊”，就这样被奥妮发明出来了。

敲击木桶测酒和敲击胸腔诊断胸积水，两件事情似乎毫不相干，但原理却是一样的，这就叫做转移经验。奥妮医生运用这一思维方法解决了医学上的一大难题，为人类医学和人们的健康作出了贡献。

钢筋混凝土的发明也缘于同样的联想。19世纪法国有一个女工匠叫摩涅，她在公园里负责种草。花园里有各式各样的花盆，有土烧的、木制的，也有用水泥浇注的。特别是水泥花盆，式样随时可以翻新，也可以装饰一些花草图案，制作也很方便，但在使用过程中发现，水泥很脆，不耐压，经不起冲击。怎样才能使它不易破碎呢？人们想来想去，一时也找不出好的办法。

有一天，摩涅到郊外游玩，她看到一户人家的小院子用竹子编成的篱笆围着。她上前观察，发现这些篱笆都很牢固。仔细一看，原来这些竹篱笆都用石灰石等混合后涂抹而成的。竹子成了篱笆墙的“主心骨”。围墙虽然很薄，却很牢固，震动起来也不易破碎。摩涅灵机一动，马上联想到，她做的水泥花盆如果也像竹篱笆一样，先用铁丝扎成骨架，再浇注上水泥和沙石的混合物，问题不就解决了吗？

经过一番试验，果然成功了。摩涅获得了“钢筋混凝土”的发明专利权，赢得了一笔可观的财富。

聋哑影后

磨难往往能够激发人的意志和奋斗精神。只要用积极的心态面对磨难，任何人间奇迹都可以创造出来。

1987年3月30日晚上，洛杉矶音乐中心大厅灯火辉煌，座无虚席，人们期盼已久的第59届奥斯卡金像奖的颁奖仪式正在这里举行。

在隆重的仪式中，激动人心的时刻终于来到了。

主持人宣布："玛莉·马特琳以其在《小上帝的孩子》中出色的表演，获得最佳女主角奖。"全场立刻爆发出雷鸣般的掌声。

玛莉在掌声和欢呼声中，一阵风似的走上领奖台，捧着金像激动不已。她用手语表达自己的心声："说心里话，我没有准备发言。此时此刻，我要感谢电影艺术科学院，感谢全体剧组同事……"

玛莉是奥斯卡金像奖颁奖以来最年轻的最佳女主角奖获得者，她是一个不会说话的哑女。

原来，她出生时是一个正常的孩子，在出生18个月后，被一次高烧夺去了听力和说话的能力，但随着年龄的增长，她对生活的热爱与日俱增。

玛莉从小喜欢表演，8岁时加入伊利诺伊州的聋哑儿童剧院，9岁时在《昂斯魔术师》中扮演多萝西。16岁那年她被迫离开了儿童剧院。所幸的是，她还能时常被邀请用手语表演一些聋哑角色。正是通过这些表演，她认识到了自己的价值，克服了失望心理。同时不断锻炼自己，提高演技。

1985年，19岁的玛莉参加了舞台剧《小上帝的孩子》的演出。她饰演的是一个次要角色，就是这次演出让玛莉走上了银幕。

在拍摄同名电影时，玛莉担任影片的女主角。她扮演的萨拉，在全片中没有一句台词，全靠眼神、表情和动作揭示主人公矛盾复杂的内心世界。玛莉十分珍惜这次机会，认真地对待每一个镜头，用自己的心去拍，因而表演十分成功，最终成为美国电影史上第一个聋哑影后。

最出色的理财师

正像种子的生根发芽需要雨水的滋润，你的生命也须有目标方能结出硕果。

苏茜·欧曼被誉为全球最出色的个人理财师，也是最富有神奇色彩的职业女性。她完成了从一个女招待到拥有亿万资产的理财顾问的转变，她的成功激发了许多美国人对未来的梦想，让人们更深刻地领会到取财之道。

苏茜出生在一个普通的美国家庭。小时候，她就意识到，恩爱的父母有时候并不那么幸福，主要原因就是他们没有足够的钱支付账单。

苏茜13岁的时候，她的父亲有了一家小小的鸡肉食品作坊，出售一些汉堡、热狗和油炸食品。有一天，炸鸡肉的油着火了，短短的几分钟，整个作坊就变成了一片火海。幸运的是，她的父亲在被大火吞没之前逃了出来。当时，苏茜和她的母亲恰好在现场，母女俩眼睁睁地看着大火烧毁了家里唯一的财源。

忽然，让苏茜终生难忘的一幕发生了，她的父亲不顾一切地冲进了火海，原来，他想到那个金属钱箱还在着火的房子里，他在熊熊烈火中找到了钱箱，并把它扛了出来。钱箱已经被大火灼热了，扔到地上的时候，钱箱上还粘着他胳膊和胸口上的皮肉。

这一场景使苏茜意识到，对父亲来讲，金钱显然比他的生命更重要。从那一刻起，挣钱就成为她的职业动力，也成为她生活中唯一的目标。

虽然，苏茜想赚大钱，但她的第一份工作却只是在一家面包房当女招待。在这期间，有几个老顾客给了她一些贷款。苏西按照其中一位资助者的建议，去美林证券做投资，她根据经纪人的建议购买了石油股票认购权，事业上开始出现重大转机。

后来，苏西在美林证券公司找到了一份工作，开始投资顾问的职业生涯。在这家公司工作3年多以后，苏西跳槽到了保德信证券公司担任投资副总裁。1987年，她建立了苏西·欧曼财务集团，着手打造自己的财富和事业，最终成为亿万富翁。

人生规划

有理想与事业心的女孩是有内涵的，而要想成就一番事业，或者实现一个人生目标，都必须尽早做出人生规划，从小事做起，不断地完善自己、提升自己，展现出自己的才华。

有一次，罗曼·皮尔总裁在打高尔夫球，他在草地的边缘把球打进了杂草区。刚好在那里有一个清扫落叶的女中学生，她叫杰瑞，是利用暑假来这里打工的。

看到罗曼·皮尔在那里找球，杰瑞就帮他一起找。

找到球后，杰瑞犹豫地说："皮尔先生，我想找个时间向您请教。"

"什么时候呢？"皮尔问道。

"哦！什么时候都可以。"她似乎感到有点意外。

"像你这样说，你是永远没有机会的。这样吧，30分钟后在第18洞见面谈吧！"皮尔说道。

过了20分钟，杰瑞就提前到了那里。坐在树阴下，皮尔先问她："现在告诉我，你有什么事要同我商量？”

“我也说不上来，只是觉得快要毕业了，自己想做一些事情。”

“能够具体地说出你想做的事情吗？”皮尔问。

“我自己也不太清楚。我很想做和现在不同的事，但是不知道做什么才好。”

杰瑞显得很困惑。

“那么，你准备什么时候实现那个还不能确定的目标呢？”皮尔又问。

杰瑞对这个问题似乎既困惑又激动，她说：“我不知道。我的意思是有一天，有一天想做某件事情。”于是，皮尔问她喜欢什么事。她想了一会儿，说想不出有什么特别喜欢的事。

“原来如此，你想做一些事，但不知道做什么好，也不确定在什么时候做。更不知道自己最擅长或喜欢的事是什么。”

听皮尔这么一说，杰瑞有些不情愿地点头说：“我真是个没有用的人。”

“杰瑞，你不必自责。你只不过是没有把自己的想法梳理出来，或者是缺乏整体构想而已。你有上进心，才会想着做些什么。我理解你，也信任你。”

皮尔建议杰瑞花一点时间考虑自己的将来，确定自己的人生目标，估计何时能实现这个目标，得出结论后不妨写在稿纸上，然后再来找他。

过了半个月，杰瑞显得有些迫不及待，精神上看起来像完全变了一个人似的，这次她出现在皮尔面前，带来了明确而完整的人生规划。而近期的目标是要成为她现在打工的这个高尔夫球场的经理。她听同事说，现任经理5年后就退休了，所以，她把达到目标的日期定在5年之后。皮尔看了她的规划，并没有提出任何具体的改进方案，只是给她几句鼓励性的忠告而已。

在接下来的5年里，杰瑞在工作之余不断给自己“充电”，完全掌握了担任高尔夫球场经理人必备的管理才能。在球场招聘经理这个空缺时，没有一个人是她的竞争对手。杰瑞如愿以偿。

勇敢地站起来

适时地站出来，是一种维护自己权益的方法，更是展示自信与修养的方式。很多时候，只要勇敢地站出来了，成功就在眼前。

美国科罗拉多州有一位女孩，名字叫做伊萨贝拉，她刚刚开始学做生意。

一周前，伊萨贝拉听说百事可乐的总裁卡尔·威勒欧普要到科罗拉多大学来演讲，于是立刻打电话找到卡尔·威勒欧普的助手，希望能找个时间和他会面，讨教一些有关经商的经验。

可是，那个助手告诉她，卡尔·威勒欧普的行程安排得很满，顶多只能在演讲结束后的15分钟内与她进行简短的会见。

在卡尔·威勒欧普演讲的那天，伊萨贝拉早早就来到科罗拉多大学的礼堂外守候着。

演讲开始前，很多热情的听众陆续进入了礼堂。在礼堂外面，卡尔·威勒欧普演讲的声音以及听众们的笑声和掌声不时从里面传了出来。不知过了多久，伊萨贝拉猛然意识到：预约时间已经到了，但是演讲还没有结束。

卡尔·威勒欧普已经多讲了5分钟，也就是说，他和自己会面的时间只剩下10分钟了。这时，伊萨贝拉当机立断，做出了一个决定。她拿出自己的名片，匆匆地在背面写下这样几句话："先生，您下午两点半和伊萨贝拉有约会。"然后，她做了一个深呼吸，轻轻推开礼堂的大门，直接从中间的走道上向卡尔·威勒欧普走去。

卡尔·威勒欧普先生原本还在演讲，看见一位年轻的女士朝讲台走来，他就暂停了下演讲。

伊萨贝拉走到他跟前，恭敬地递上自己的名片，随即转身从中间的过道上走了回去。她还没走到门口，就听到卡尔·威勒欧普先生告诉台下的听众："抱歉各位，我两点半有个约会，但显然我已经迟到了，所以我必须结束演讲。谢谢大家！"然后，他就走到了礼堂外面。

他看看名片，接着看看伊萨贝拉说："我猜猜看，你就是伊萨贝拉。"他说着就露出了微笑，把右手伸了出去。他们的手紧紧握在了一起。

结果，那天下午，伊萨贝拉与卡尔·威勒欧普谈了30分钟。他不仅告诉伊萨贝拉许多精彩的故事和商业经验，还邀伊萨贝拉到纽约去拜访他和他的工作伙伴。

横渡大西洋

要现在就付诸行动。一张地图，不论多么详尽，比例多精确，它永远不可能带着它的主人在地面上移动半步。

海伦在没有认识汽车的时候就认识了船。她11岁的时候就已经是一个划船高手。她太迷恋那种驾一叶孤舟纵横于水上的感觉了。

海伦的父亲拉罕姆是一个优秀的弄潮儿，他的人生理想就是以最快的速度驾舟横渡大西洋。在海伦23岁那年，拉罕姆决定实施自己伟大的横渡计划，但他拒绝带着一心想与他同行的海伦上路，因为他担心吉凶莫测的大海会吞噬了心爱的女儿。就这样，拉罕姆只身登舟横渡大西洋。不久，一项新的吉尼斯世界纪录就在他手中诞生了。

海伦的梦想也在那一片辽阔的蔚蓝色海面上摇曳。当一个叫约翰的青年驾着一艘自己设计的帆船向她驶来的时候，她希望能与他一道去领略那1.28万公里的蔚蓝，但却一直未能如愿。

后来，拉罕姆去世了，这时海伦已经成了祖母。但是，岁月的流逝并没有浇灭她童年的梦想，海伦重新走向那条闲置已久的帆船。在能够携手的人相继辞世之后，她才顿然明白了——她的灵魂深处的焦躁只有自己的双手才可以安抚。

2000年8月，一个阳光灿烂的日子，89岁的海伦只身离开英格兰开始了她向往已久的大西洋之旅。

海伦在那一片蔚蓝色的海洋中仿佛看见了自己离别已久的父亲，沿着他当年的航道，追随着他当年的足迹，她跟过来了！在死神衣袂飘忽的大洋上，她没有给自己丝毫畏惧的权利，毕竟，与那生长了差不多整整一辈子的渴望相比，风浪显得太微不足道了。

海伦成功了。她以最年迈的老人驾舟横渡大西洋刷新了一项世界纪录。

第一份家教

坚持是成功者必备的素质。做任何事情都不可能一蹴而就，特别是逆境中更需要坚持不懈，持之以恒，这样你才能看到胜利的曙光。一些聪明的女孩之所以没有成功，往往是由于她们缺乏坚韧的毅力，在最后一刻放弃了，导致功亏一篑。

尤丽娅是一名中学生，父亲是一位送货司机，收入不稳定；母亲身体有病多年没有工作，家里经济状况窘迫。尤丽娅为了减轻父母的负担，经常利用假期当家庭教师。

尤丽娅第一次做家教的顾主是汤姆先生，她的职责是每天教汤姆先生的小女儿露希识字、唱歌、玩耍。周末结算工钱时，汤姆对尤丽娅说："让我们算算工钱吧。你每周60美元……"

"先生，不是讲好每天10美元，每周70美元吗？"尤丽娅急忙插话提醒顾主。

"不，是60美元，我这里有记载，我一向是只给满意的家庭教师支付70美元，作为一般家庭教师我是按60美元付给薪水的。"汤姆坚持自己的意见。接着，他说："应该付你60美元，先扣除一个半天，因为星期一下午你没有教露希认字，临时改变计划带她去游乐园玩了，应该扣除5美元。"

尤丽娅骤然涨红了脸，说道："汤姆先生，去游乐园是露希小姐自己主动提出来的，也是经过您允许的啊。"

汤姆看着他的本子继续说："家教计划里没有安排这一项，是你没有说服露希我才同意你带她去的。还有，周二那天，你说需要给你母亲买药迟来一小时，对吧？这该扣除3美元。"

"汤姆先生，但这并没有耽误教露希学习啊。"尤丽娅解释说。

"尤丽娅，周三上午，你给露希倒水时，打碎一个带底碟的配套茶杯，应该扣你2美元，按理茶杯的价钱还高呢。周四下午，由于你的疏忽，露希爬树时撕破了新裙子，这是因为你照顾不周，应该扣你10美元。你是拿工资的嘛，就应该负这个责任。"

汤姆算完了，说只能给尤丽娅40美元。

尤丽娅自己心里盘算着应该是70美元，顾主这么扣除30美元，她心里感觉很委屈，双眼发红，下巴在颤抖，但还是控制住了自己的情绪。因为尤丽娅找不出有力的话语来反驳顾主，毕竟她自己也有欠缺之处。于是就说："那么，先生，您就付给我40美元吧。"

接过钱，尤丽娅回到家里，把事情的经过告诉了父母。父亲劝女儿说："不要再去汤姆家做事了，他那么精明，总想克扣你的工钱，你会吃亏的。”母亲却认为，汤姆的做法虽然有点过分，但尤丽娅因为买药迟到，又不小心打碎了茶杯，顾主扣钱也说得过去。

由于没有找到新的客户，尤丽娅就继续在汤姆家做家教。每到周末给尤丽娅支付薪水时，汤姆仍旧会找出这样那样的理由，扣除尤丽娅的薪水，虽然她自己确实有做得欠妥的地方，也就不再感觉像上次那么委屈了。随后，尤丽娅做事时更加尽职尽责，汤姆先生很难在找出什么理由，被扣的钱也就越来越少了。

假期即将结束了，尤丽娅告诉汤姆先生，开学之后，她就不能再来兼职做家教了。在最后一次支付薪水时，汤姆先生拿出了一个事先准备好的信封递给尤丽娅，“这是我前几次扣你的工钱，一共125美元，现在如数付给你。我之所以这样做，只是想激励你更加尽职敬业而已。”尤丽娅有点意外，她接过信封兴奋地跳了起来。

通过这次经历，尤丽娅懂得了做事要尽职的道理，她也体会到在工作不顺利时尤其需要坚持和忍耐，这样才能不断地完善自己，提高自己的能力。经过自己多年的不懈努力，尤丽娅终于成为纽约一家大公司的董事长。

成名之路

一位哲人说过，成功之秘诀在于永不改变既定的目标。女孩子只要怀揣理想，勤奋努力，始终坚持朝着理想奔去，就一定能够如愿以偿。

罗莎琳从小就喜欢唱歌，她的理想是当一名歌剧明星。中学毕业后，罗莎琳学了8年唱歌，花费了大量的精力和钱财，可是她仍然没有跨进歌剧院的大门。罗莎琳的父亲则已倾尽了全力，此时，她父亲已经年迈，健康状况也是每况愈下，不久便关闭了制造鼓风机的公司——这个为支持罗莎琳的唱歌事业而办的工厂。

为了支付每周的房租，罗莎琳经常在教堂里参加唱诗班；为了寻找职业，她不停地在街头徘徊，排在几百个同她的处境相似的“歌星”的行列里，以谋求一个试听的机会。但是，罗莎琳每次得到的答复几乎都是同样的：“对不起，这里没有名额了。”

到处碰壁，生活没有着落，罗莎琳因此而多次悄悄地抽泣，最后几乎要放弃她的事业了。她在一次给家里的信中写道：“我正准备做最后一次尝试，如果再不成功的话，就不想再坚持了。”

就在这时，罗莎琳听说苏黎世的国家歌剧院需要一名青年歌手，于是便借钱去了瑞士，到达苏黎世后，她径直走进了国家歌剧院。但是，剧院经理却冷冷地对她说：“对不起，今年我们所需要的演员已招聘满了。”

“我从3000里之外赶到这里，就是为了让您试听一下的。”罗莎琳并不因剧院经理的冷遇而马上离去，“请您就让我试唱一下吧。”于是，她也不管这位剧院经理同意与否，就亮开嗓门唱了起来。不一会儿，剧场经理便被她那圆润甜美、感情深沉的歌声打动了。

“等一等，”剧场经理说，“要唱的话我也得给你找一个伴奏呀！”演唱结束，剧院经理当场聘用了她。罗莎琳便成了苏黎世国家歌剧院的主要演员，渐渐地，她在瑞士赢得了声誉。

罗莎琳23岁的时候，从欧洲回到美国度假。有一天，罗莎琳的父亲犹豫了好一阵，开口问道：“罗莎琳，你什么时候才能体面地回来？我的意思是说，你什么时候才能到纽约的大都会去演唱呢？”

罗莎琳自信地说：“我很快会到那里去演出的！”

父亲疑惑地问道：“他们邀请你了？”

“他们还没有邀请我，但是他们会这样做的，假使……假使明年冬天我在日内瓦声乐比赛中获胜的话。”

“你说在日内瓦的什么比赛中获胜？”

罗莎琳笑了笑说：“那是国际性的声乐比赛，全世界优秀的青年歌唱家都会参加的。在这个比赛里，还没有哪个美国人获胜过呢。”

过了大半年，国际声乐比赛在日内瓦开幕了。在这次比赛中，罗莎琳演唱了一曲难度极高的咏叹调，一般歌手是不容易唱好的，但被她发挥得淋漓尽致。罗莎琳演唱完毕，现场观众和整个乐队的演奏家们全都站了起来，对她抱以热烈掌声，欧洲歌剧巨星伊丽莎白·舒曼也站起来为她鼓掌。

罗莎琳从众多比赛选手中脱颖而出，一举夺得了第一名。当罗莎琳走下舞台时，几家著名的剧院都希望与她签约，其中就包括美国纽约的大都会剧院。

在坚持了多年的努力之后，罗莎琳终于如愿以偿。

推销大师

一个人只要专注于某项事业，那就一定会做出使自己感到吃惊的成绩来。蜻蜓点水，浅尝即止，永远到达不了成功的彼岸。

玛瑞是一位推销大师，即将告别职业生涯，应同仁的邀请，她将在一个集会上作告别演说。集会那天，台下座无虚席，与会者热切地期待着他们心目中伟大的推销员作精彩演讲。

大幕徐徐拉开了，只见台中央吊着一个大铁球。为了固定这个铁球，台上搭起了高大的铁架。

一位女性长者在热烈的掌声中缓缓走了出来，她就是玛瑞。她身穿运动服，脚穿运动鞋，站在铁架子的旁边，俨然一位多年修炼武术的长者。

人们好奇地望着她，不知道她将演讲些什么。

这时，两位工作人员抬出一个大铁锤。主持人请两位身体强壮的年轻人上台参与表演。转眼间，两名男青年跑到了台上。主持人给他们简单说了击打铁球的规则。请他们用大铁锤，敲打那个吊着的铁球，直到使它能够动荡起来。

一个年轻人抢先拿起铁锤，拉开了架势，全力向吊着的铁球砸去，只听见“咣”的一声巨响，吊着的铁球却纹丝未动。随后，他抡起大锤，接二连三地砸向吊球。很快，他就气喘吁吁了，吊球仍然是丝毫未动。另一个人也不示弱，在众人的加油声中，他接过大铁锤，叮叮当当，对着吊球一阵狂打，可是铁球仍旧一丝未动。

台下的观众逐渐没有了呐喊声，观众好像认定费力地敲打也是没有用的，就等着主持人作出解释。就在这时，玛瑞从上衣口袋里掏出一个小锤，对着铁球敲了一下，然后停了一下，再一次用小锤敲了一下……10分钟过去了，20分钟过去了，吊着的铁球同样没有晃动。会场上，有人开始不耐烦了，甚至有的人弄出古怪的声音和动作表示不满。玛瑞仍然专注地用小锤敲一下停一下，仿佛她没有听见人们在喊叫什么。

不少人感觉莫名其妙，他们本来是想听大师做精彩演讲的，不明白现场竟然是做这样不专业的表演，一些人开始退场了，台下的人也不再呼喊了，会场上渐渐地安静了下来。

就这样，过了大约半个小时，坐在前排的一位女士突然尖叫一声：“球动了！”霎时，会场上鸦雀无声，人们专注地看着那个铁球。果然，铁球慢慢地动了起来，不仔细看很难察觉。玛瑞仍旧一小锤、一小锤地敲着，吊球在敲打中越荡越高，直到它牵动着那个铁架子“哐哐”作响，巨大威力强烈地震撼着在场的每一个人。人群中终于爆发出一阵热烈的掌声。这时，玛瑞转过身来，慢慢地把那把小锤揣进衣兜里。平静地对大家提了一句忠告：“如果你不专注于自己所做的事情，等待成功的到来，那么，你就得用一生的时间去面对失败。”

玛瑞的演讲就此结束了，听众再次报以热烈的掌声。

从小学会理财

发财需要努力、智慧和节俭，同时需要持久的耐力和毅力。做任何事情想取得成功都没有捷径可走。

艾米莉一家是移居美国的犹太人。她的父亲叫威廉·马丁，是一位小商贩，起初沿街叫卖一些小商品和药品，后来发展到开店经商。艾米莉是威廉的小女儿，在父亲的影响下，她从小就养成了勤劳的习惯，并且学到了一些经商的小窍门，这对她日后的事业发展产生了一定的影响。

艾米莉小的时候，由于家庭经济不宽裕，进入学校读书的机会并不多。但她喜欢看书，善于利用空闲时间看书。几年之间，她利用空暇阅读了很多书籍，看问题的视野也变得敏锐了。到了十多岁时，她就开始考虑自己怎么创业了。

为了寻找致富之路，少年艾米莉经常寻找机会打工挣钱，好不容易攒到5美元，她决定将这5美元用于购买书籍，从书本中找到发家致富的方法。

有一天，小艾米莉在一份报纸上看到了出售《发财秘诀》的广告，连夜赶到书店去购买这书。这正是她当时内心非常渴望的。她来到了书店，顺利地买到了这本书，心里很兴奋，就急忙拿着书赶回家。到了家里，她激动地拆开这本书的外包装，翻开一看，大失所望。

原来，这本书中空无他物，全书仅印有两个大字："勤俭"。艾米莉感觉是自己上当受骗了，心里十分生气，随即把书扔到地上，并想马上到书店去找老板算账，控告他和作者骗人。但天色已晚，她估计书店已经关门了，就打算第二天再去找书店老板理论。

那天晚上，艾米莉躺在床上，辗转反侧，难以入眠。起初，他对该书的作者和书店老板很愤怒，抱怨他们为什么在书上只印上这两个简单的字来骗人，使她好不容易挣来的5美元血汗钱就这样“打了水漂”！夜深了，她的怨气也慢慢地消退了。

“为什么作者仅用这两个字出版一本书呢？”

“为什么又选用‘勤俭’这两个字呢？”

艾米莉仔细一想，觉得“勤俭”这两字的确富有深刻的含义。她越想越觉得作者有自己的用意，越想越觉得勤俭是人生立世和致富的根本。她终于大彻大悟了！

想到这里，天已亮了，艾米莉赶紧把那本书从地上捡了起来，用细布擦去灰尘，并深深地吻了它一下，然后端端正正地摆在卧室的书桌上，作为她的奋斗创业的座右铭。从此，她努力地去打工，并把每天挣来的钱，除了给家里上交一部分外，其余的全部都存起来，准备用做以后创业的本钱。就这样，艾米莉坚持了5年，终于积攒了800美元，她就用这笔钱开创她的事业，后来成为实业界的大亨。

追梦女孩

有梦想，才有奋斗的动力，才有成功的可能。每个女孩子只要在心中树立一个梦想，并锲而不舍地为之奋斗，生命就会闪耀出动人的光彩。

希拉里·斯万克是美国著名影星，她出生在美国一个普通家庭，父亲是一名警卫员，母亲是一名文秘。从小，她就跟父母生活在华盛顿州贝林翰市的一个贫民区。少年时期的斯万克天真烂漫，她喜欢望着天空梦想自己的未来。而她最大的梦想，就是当一名演员。当同龄的少女还在用功念书的时候，她已经把一些精力花在了学校和社区组织的各类演出中了。

斯万克很喜欢融入某个角色的感觉，并如此常常达到了忘我的程度。为了表演，她曾和十几个同龄的女孩子挤在一间小宿舍里，可她并不觉得苦。15岁那年，曾经做过踢踏舞演员的母亲对她说："如果你想继续追梦，那我们一起去好莱坞吧！"就这样，她和母亲拎着大包小包，开着婶婶卖给她们的二手车来到了洛杉矶。

起初，她们就住在车里，后来有朋友搬家，就把租下的房间暂时借给她们。为了不被房东发现，她和母亲白天出去寻找工作，晚上就睡在一张气垫床上。由于没有固定的经纪人，斯万克根本没有演出机会。她的母亲掏出了仅有的75美元，跑到电话亭里挨个给经纪人公司打电话。那个时候，她没有简历，也没有钱拍造型照，甚至连家庭住址和电话都没有，只好和母亲整天待在电话亭里期待机会的降临。

终于有一天，一家童星公司在经过面试后同意她演出。两年后，她在电影《空手道神童Ⅳ》中崭露头角。但在群星耀眼的好莱坞，这一切马上就成了过眼云烟。

此后的几年间，斯万克一直出演一些小角色，但她始终没有放弃梦想，一边为了生计拍戏，另一边不断用心地磨炼演技。

后来，著名导演金伯利·皮尔斯经过5年的筹备，决定拍摄一部电影，却一直没有找到适合的女演员，直到看到斯万克的照片，导演眼前一亮，因为他发现她身上具有一股坚定、自信的独特气质，导演觉得她就是饰演女主角的最佳人选！

最终，斯万克凭借自己出色的演技打动了观众和影评人，也震撼了好莱坞。1999年，由于在《男孩不哭》中的精彩表演，她几乎横扫了全美所有的电影奖项，最后将金球奖最佳女演员奖和奥斯卡最佳女演员奖也揽入怀中。那一年，她才25岁。

在此后的4年里，斯万克出演了8部影片，却都没有再引起任何大的反响，媒体甚至评价她“无法超越自己”。面对质疑，她坦然地回答说：“谁都会有不如意的时候，但是我会回来的。”她的机会来了，5年后，著名导演克林特·尹斯伍德邀请她饰演《百万美元宝贝》的女拳击手麦琪。为了演好这个角色，斯万克接受了长达3个月的专业训练。在影片中，她坚持不用替身，所有的危险动作她都亲自上阵。2005年，这部电影使她第二次捧起了奥斯卡最佳女主角的“小金人”。

在实验中找到学习的快乐

看书不在贪多，而是要多加思索，这样才能有所获益。成就事业需要确定前进的路线，避免走弯路。

伊伦是居里夫人的女儿，人称科学界的“小公主”。

伊伦小时候活泼好动，性格有点儿像男孩子。当小伊伦长到该上学的年龄，她还是很好动，以至于不能安安稳稳坐下来读书。这让居里夫人费了不少心神。

对于小伊伦的学习，居里夫人有着独特的见解。她认为，不能用过去的旧的教育信条和方式学习，主张着重培养小伊伦独立的认识和思考能力，以便让她尽可能直观地了解最新知识。

居里夫人常说，伊伦的这个年龄，正是长身体、长知识的时期，如果整天关在空气污浊的教室里，耗费过多的精力是没有必要的，应该增加户外活动的时间。于是，小伊伦的学习生活是在一所特殊的“学校”开始的。居里夫人是这个“学校”里唯一的“老师”。在这里，没有呆板僵化的填鸭式教学法，居里夫人使用的是趣味性学习法，总是教给女儿一些有趣的东西，让她自己在这些有趣的东西吸引下，主动寻找原因，自己感兴趣并弄清楚。很快，小伊伦就被这种快乐有趣的学习方法吸引住了，她喜欢听妈妈讲那些科学故事，看她做科学实验，每一个实验的变化都让她觉得很神奇。

除了学习功课外，小伊伦每天还要干一些体力活。这段时期，她学会了缝补衣服、做饭、荡秋千，还喜欢上了音乐。这种快乐的学习生活持续了两年。

渐渐地，小伊伦的“野”性子收敛了许多，开始把她似乎总也使不完的精力放在那些试管、烧杯上，脑子里转起了一个又一个的问号……这一切让伊伦对于物理学有了初步的了解，由此培养了伊伦进军科学领域的浓厚兴趣，使她乐于从科学研究中寻找快乐。在从事科学研究中，伊伦的思维常常是十分活跃而富有创造性的。这与她早期养成的善于独立思考的学习习惯有密切关系。

后来，伊伦通过勤奋努力，终于在物理研究中取得了创造性的成就，继她母亲居里夫人之后，成为了又一个获得诺贝尔奖的伟大女性。母女双双获得这一殊荣，这在世界科学史上是极其罕见的。

更先进的乒乓球

唯有创造才能体会更大的欢乐。发明、创造蕴涵于平时的学习和实验之中。同样，成功也需要经年累月的积淀。

乒乓球在我国被誉为“国球”。现在，在这项赛事中不仅我国选手近年来占据着第一把交椅，而且，全国喜欢乒乓球运动的群众也是数以万计。

其实，在19世纪中期，乒乓球运动也曾风靡美国。在这种背景下，乒乓球制造商们一直想找到一种更为理想的乒乓球。于是，他们登报悬赏一万美元，征集质量更好的乒乓球。重奖之下，很多人跃跃欲试，但大多数人都失败了，他们不再关注乒乓球制作工艺上的创新，最后，只有一个名叫赫惠娜的印刷女工始终没有停止琢磨。

按说，一个文化水平不高的普通女工，怎么懂得使用化学品制造呢？然而，和其他希望获得一万美元奖金的人不同，赫惠娜平时爱好阅览各种报纸杂志，尤其是爱看有关化学实验的最新动态，她常常会被报刊中的各种有趣的实验所吸引。慢慢地，她也经常做一些小发明和小实验。这一次，她结合平时所学到的知识，尝试使用各种方法制造质量更好的乒乓球。

制造出令人满意的乒乓球并非易事。起初，赫惠娜的各种试验同样失败了。随着试验的持续进行，她的兴趣越来越浓烈。工作之余，她总是抽空来做试验，尝试制造出更好的乒乓球。即使一时没有找到理想的结果，但已经养成的习惯，让她无法停止试验，做这些事情让她觉得很有意思，因此，她也并不觉得累。

终于，有一天，赫惠娜在一本化学刊物上了解到，有人研制出了一种类似棉花的纤维素，将这种“棉花”浸在化学混合液中，“棉花”就出现了新的特性。这个实验结论让她大受启发，赫惠娜仿照这种方法进行试验。

有一次，赫惠娜将一种樟脑放进溶液中，不断地搅拌摇晃，渐渐地溶液变得黏稠，最后变成了一团白色柔软的物质。她将它搓成一个圆团，做成乒乓球的样子，待这个圆球冷却变硬后，往地上一丢，随着“乒”的一声竟然弹得很高。看到这个结果，赫惠娜心里很高兴，这不就是更好的乒乓球吗？接着，赫惠娜想方设法把这种白色柔软的物质变成质量更好的乒乓球。功夫不负有心人。在征集广告发出了7年之后，制造商们收到了赫惠娜制造的乒乓球，赫惠娜也获得了那一万美元。

其实，赫惠娜使用的这种“棉花”，是人类发明史上的第一种塑料。到了20世纪，科学家在此基础上不断改进，终于研究出了现在常用的聚乙烯。

你可以成为你想成为的人

过去的是非成败，都不要去计较，抱定信念，明天会更好。

露西·罗尔斯是美国纽约州历史上第一位女州长。她出生在纽约的一处贫民窟。那里环境极差，不仅脏乱，还充满暴力，是偷渡者和流浪汉的聚集地。在那儿出生的孩子，耳濡目染，从小就逃学、打架，还小偷小摸，甚至吸毒。从那里走出的孩子，长大后很少有人从事体面的工作。然而，露西是个例外，她不仅考入了大学，而且成了女州长。

在就职的新闻发布会上，一位记者问道："是什么把你推上了州长宝座？"面对众多记者，露西对自己的奋斗史只字未提，却只谈到了她上小学时的切丽·保罗校长。

1961年，切丽·保罗女士被聘为诺比塔小学的董事兼校长。她是一位有着金黄色卷发和棕色眸子的漂亮女士，每一个学生都很喜欢她，就算是再调皮的学生也会为她折服。

当时，在美国流行嬉皮士。切丽·保罗走进诺比塔小学发现，这里的穷孩子胸无大志，甚至比"迷惘的一代"还要颓废。他们不与老师合作，不少学生经常逃课、斗殴，甚至砸烂教室的黑板。切丽·保罗想了很多办法来引导他们，可是都收效甚微。后来，她发现这些孩子都很迷信，于是，她的课上就多了一项内容，那就是给这些学生看手相，她想用这个办法来鼓励他们。

有一天，当露西从窗台上跳下，伸着小手走向讲台时，切丽·保罗校长说："我一看你修长的小拇指就知道，将来你能当上纽约州的州长。"

当时，露西大吃一惊，因为长这么大，只有奶奶让她兴奋过一次，说她可以当一名小船长。这一次，校长竟说她可以成为州长，让她意外。她记下了这句话，并且相信了它。

从那天起，“州长”的身份就像一面旗帜，露西的衣服不再沾满泥土，说话时也不再夹杂污言秽语，她开始使用文雅的语言，并挺直腰杆走路。在此后的数十年间，她没有一天不按州长的身份要求自己。在露西51岁那年，她终于如愿以偿，成功地当选了纽约州州长。

别放过小块时间

世上有很多天资聪慧的少女，本来是可以成就一番事业的，因为不善于利用小块的时间，终生也就默默无闻了。

艾米丽·华尔德是美国著名诗人、小说家，弹得一手好琴。她曾给长大后成为钢琴家的爱尔斯金担任过钢琴教师。有一天，在给爱尔斯金上课的时候，她忽然问道：“你每大练琴有多少时间?”

小爱尔斯金说：“合起来每天大约有三四个小时吧。”

“那你每次练习，时间都很长吗？是不是每次都练半小时？”

“是的，我想这样才好。”

“不，不要这样！”艾米丽说，“你将来长大以后，每天不会有这么长的空闲时间的。你可以养成习惯，一有空闲就练习，哪怕只练几分钟也可以。比如在你上学以前或在午饭以后的休息时间里，5分钟、5分钟地练习。把小的练习时间分散在一天里面，这样弹琴就成了你日常生活中的一部分了。”

起初，14岁的爱尔斯金对艾米丽说的话并未在意，当她成为杰出钢琴家之后，回想起艾米丽的忠告，不禁感慨地说，这真是至理名言，使她一生受益匪浅。

有一年，爱尔斯金在哥伦比亚大学教书，她想兼职从事写作。可是每天除了上课和辅导学生她几乎没有多余的时间了，以至于有两个年头，她一直不曾动笔。后来，她突然想起了艾米丽的忠告，她就按照艾米丽说的做了起来。只要有5分钟左右的空闲时间，她就坐下来写作，哪怕只写100字或短短的几行。结果真是出乎意料，到了那个周末，爱尔斯金竟然完成了几篇好稿子。她觉得真是不可思议，为什么自己以前就没有想到这个好办法呢？仔细想一想，以前的这些简短的时间自己都花在哪儿了？喝咖啡？抱怨？还是睡懒觉？自己真是浪费了太多的时间。想到这里爱尔斯金就后悔不已。时间长了爱尔斯金发现，每天除了授课，她仍有许多可以利用的空闲，足够她从事弹琴与创作这两项工作。

后来，爱尔斯金用这种积少成多的方法创作长篇小说，在文学领域也获得了一席之地。

喝马桶水的内阁大臣

在小事上也能做到最出色的人，往往也是幸运之神偏爱的人。

有一天，一个名叫野田圣子的女孩来到东京帝国酒店上班，这是她步入社会的第一份工作。她很重视，并暗下决心“一定要干好！”

让野田圣子没有想到的是，她的工作竟然是清洗厕所！而且要求把马桶清洗得光洁如新！

野田圣子是一个非常爱干净的女孩，所以当她用手拿着抹布伸向马桶时，恶心得几乎要呕吐出来，感觉浑身都难受。

正在这时，一位老师傅走了过来，从她手中接过抹布，熟练地洗刷马桶，一会儿工夫，就把马桶抹洗得清洁光亮。然后，她从马桶里盛了一杯水，很自然地喝了下去，脸上也没有流露出一丝勉强的神色。这让野田圣子目瞪口呆！

实际行动胜过千言万语。老师傅以自己的敬业精神和实际行动，为野田圣子树立了一个标杆：只有马桶中的水达到可以饮用的程度，才算是把马桶洗刷干净了。

有老师傅做榜样，野田圣子表示："就算一辈子洗厕所，我也要做一名最出色的清洁工！"

从此，野田圣子开始认真地清洁马桶。最后，经她洗刷的马桶也可以达到老师傅所擦洗的清洁程度了。她还曾多次喝过马桶里的水呢。慢慢地，她从点滴之中养成了做好每一件事情的习惯。

秉持积极进取的人生态度，经过几十年的努力，野田圣子终于成为日本内阁邮政大臣，攀登到自己人生事业的顶峰。

第七辑

有一种魅力叫气质

雅诗兰黛王国的创立者

善良的心灵、高尚的情操、娴熟的技艺、优雅的举止、得体的服饰，这些因素对于一个渴望成功的女孩子来说，一个都不能少！

埃斯泰·劳德出身普通家庭，没上完中学就上街推销他舅父调制的护肤膏，从此，开始了她的起步创业历程。

为了增加销售量，埃斯泰早出晚归走街串巷，十分辛苦，但是销售量仍然达不到她期望的目标。那么问题究竟出在哪里呢？她百思不得其解。

有一天，埃斯泰委婉地问一位女士："请告诉我，您刚才为什么拒绝购买我的产品？是我缺乏推销技巧吗？"

女士回答说："不是技巧的问题，推销要什么技巧？如果我觉得你在卖弄技巧，我就会将你赶出去的！是你的气质形象不佳，让我感觉你就是一个低层次的人，这怎么能让我相信你的产品就是高质量的呢？"

显然，这位女士的话里带有对埃斯泰的不敬甚至污辱的成分，但埃斯泰没有丝毫介意。她反而兴奋地认为找到了销售量不佳的关键：那就是推销人员的气质形象问题。

埃斯泰回想起自己推销的过程：每天到处上门推销，整日风尘仆仆的，衣服洗了也没有时间熨烫平整，鞋子上落了尘土也顾不上擦干净……以这样的个人形象在写字楼里走来走去，难怪让挑剔的女顾客以为来了"乡下妹子"呢，无形之中自然容易怀疑产品的质量和品位。尽管推销的产品质量很高，但她们仍看做是那种沿街叫卖的"地摊货"，谁还愿意购买呢？

于是，埃斯泰决心努力改变自己的气质，精心包装个人形象。每日再忙她也要熨烫好外出的衣服，出门前把皮鞋擦得明光锃亮，言行举止模仿名门闺秀的样子。之后，她简直判若两人——显得很有魅力!

慢慢地，越来越多的顾客乐意购买埃斯泰推销的产品。从此，她一发不可收，最终建立雅诗兰黛化妆品集团公司，成为世界化妆品王国中的皇后。

微笑让你更受欢迎

微笑永远不会使人失望，它只会使人受欢迎。

联合航空公司有一个世界纪录，那就是在1977年载运了最大数量的旅客，总人数是35565781人。联合航空公司宣称，他们的天空是一个友善的天空，微笑的天空。的确如此，他们的微笑不仅仅在天上，在地面便已开始了。

有一位叫琳达的小姐去参加联合航空公司的招聘，当然她没有关系，也没有熟人，也没有先去打点，完全是凭着自己的本领去争取。她被聘用了，你知道原因是什么吗？那就是因为她脸上总带着微笑。

令琳达惊讶的是，面试的时候，主试者在讲话时总是故意把身体转过去背着她。你不要误会这位主试者不懂礼貌，而是他在体会琳达的微笑，感觉琳达的微笑，因为琳达的工作是通过电话完成的，是有关预约、取消、更换或确定飞机班次的事情。

那位主试者微笑着对琳达说：“小姐，你被录取了，你最大的资本是你脸上的微笑，你要在将来的工作中充分运用它，让每一位顾客都能从电话中体会出你的微笑。”

用你的微笑去欢迎每一个你接触到的人，那么，你会很容易地成为一个最会说话的和最会办事儿的人。笑，它不花费什么，但却创造了许多奇迹。

有人做了一个有趣的实验，以证明微笑的魅力。两个模特儿分别戴上一模一样的面具，上面没有任何表情，然后问观众最喜欢哪一个人，答案几乎一样：一个也不喜欢，因为那两个面具都没有表情，他们无从选择。然后再要求两个人把面具拿开，舞台上出现了两张不同表情的脸，其中一个人把手盘在胸前，愁眉不展并且一句话也不说，另一个人则面带微笑。再问观众：“现在，你们对哪一个人最有兴趣？”答案也是一样：他们选择了那个面带微笑的人。

内在的光芒

我们在人体中崇仰的不是任何美丽的外表和形态，而是那些好像使人体透明发亮的内在光芒。

美国乔治敦的一家服装店，有个女店员名叫乔尼。

有一天，乔尼接待了一位年轻的女顾客。那位女士说：“我想买一件最性感的礼服，我要穿上它去肯尼迪中心，让见了我的每个人都流露出羡慕的眼光。”

乔尼说：“我们这儿有一件很性感的礼服，不过是为那些缺乏自信心的人准备的。”

“缺乏自信心的人？”

“是啊，你不知道有些女人常想穿这样的服装来掩盖她们自信心的不足吗？”

那位女顾客生气了：“我可不是缺乏自信心的人！”

“那你为什么要穿上它去肯尼迪中心，让每个人都艳羡你呢？难道你不能不靠衣服而靠自身的美去吸引人吗？你很有风度，也很有内在的魅力，可你却要掩盖起来。我当然可以卖给你这件最时髦的礼服，使你出出风头，可你就不想一想，当人们停住脚步看你时，是为了衣服，还是因为你自身的魅力？”

听到这儿，那位女顾客想了想说：“是啊，我为什么要花一大笔钱买人家几句恭维话呢？真的，这些年我一直缺乏自信心，可我竟然还没意识到这点，我应该对你表示感谢！”

从表面上看，乔尼小姐有点“傻”，送上门的赚钱机会她却放过了。不过，由于她真诚对待每一位顾客，店里还是顾客盈门，而且来的大都是当年被她“拒”之门外的回头客。

化妆的学问

女孩真正的魅力不是刻意修饰出来的，拥有丰富的内涵才能显示出自己非凡的魅力。只有让内心的修为和外在形象融为一体，女孩才能在自然地流露中楚楚动人。

女作家琳达非常注意自己的形象。有一次，她在美发时遇到了一位著名的女化妆师。对于这个生活在与自己完全不同领域的女性，琳达增添了几分好奇，因为在她的印象里，化妆师再有学问，也只是皮毛功夫，实在不是知识女性所向往的职业。于是，琳达忍不住问这位女化妆师：“你研究化妆这么多年，到底什么样的人才算会化妆？化妆的最高境界到底是什么？”

对于女作家提出的问题，这位年华渐逝的女化妆师露出一丝淡淡地微笑。她说：“化妆的最高境界可以用两个字形容，就是‘自然’。最高明的化妆术是经过非常考究的化妆，让人家看起来好像没有化过妆一样，并且化妆的效果要与人的身份匹配，能自然表现一个人的个性与气质；次级的化妆是把人突显出来，让人醒目，引起众人的注意：拙劣的化妆是一站出来别人就发现她是化了浓妆，无非是想掩盖自己的缺点或年龄；最坏的一种化妆后扭曲了自己的个性，使人失去了五官的协调，例如小眼睛的女人竟化了浓眉，大脸蛋的女人竟化了白脸，阔嘴的女人竟化了红唇……”

女化妆师见琳达听得入神，继续说：“这不就像你们写文章一样？拙劣的文章常常是词句的堆砌，扭曲了作者的个性；好一点的文章文采飞扬，能够吸引读者的注意力；最好的文章则是作家自然真实情感的流露，读者阅读文章的时候仿佛是在读一个活生生的人。”

琳达听着不停地点头。女化妆师接着说：“你们写文章的人不也是化妆师吗？三流的文章是文字的化妆；二流的文章是精神的化妆；一流的文章是生命的化妆。这样，你懂化妆了吗？”琳达深为自己最初对化妆所持的观点而感到惭愧。

“这是非常高明的见解！可是，说到底做化妆的人只是在表皮上做功夫！”琳达感叹地说。

“不对，”化妆师说，“化妆只是最末的一个枝节，它能改变的毕竟不多。深一层的化妆是改变体质，让一个人改变生活方式、睡眠充足、注意运动与营养，这样她的皮肤得到了改善，精神充足，比化妆有效得多。再深一层的化妆是改变人的气质，多读书、多欣赏艺术、多思考，豁达乐观，对生命有信心，心地善良，关怀别人，自爱自尊，这样的女性即使不化妆也差不到哪里去，脸上的化妆只是整个化妆活动最后的一件小事。我可以用三句话来概括：三流的化妆是脸上的化妆；二流的化妆是精神的化妆；一流的化妆是生命的化妆。”

别让心灵蒙尘

赞赏、鼓励可以让女孩更加自信，充满青春活力，焕发迷人的光彩。其实只要保持了一种积极乐观的心态，每个女孩都是漂亮的。

一位女士带着她的女儿来到教授的心理诊所，诉说起女儿米切尔的情况："先生，我弄不明白她是怎么回事：她对什么都不上心，做事马马虎虎，不乐意上学，衣衫不整。如今都16岁啦，怎么还这么不懂事？"

教授笑着说："请允许我和她单独谈一谈，也许我能找到解决问题的办法。"

母亲走了，教授打量着米切尔，她长得很好看，但却不修边幅，蓬头垢面，漂亮的面容被邋遢的外表掩盖了。教授明白了：米切尔快成大姑娘了，心理还很不成熟，家庭教育方法不当，使她产生了一些怪异的想法和极端的行为。

教授向米切尔询问一些情况，她似听非听，漫不经心。教授沉默了一会儿，突然问她："米切尔小姐，难道你不认为自己是一个漂亮的好姑娘吗？"

这句话使米切尔眼睛一亮。她慢慢抬起头来，久久盯着教授，一丝笑容浮现在她的脸上，仿佛发现了另一个世界。

"教授，您说什么？"米切尔惊喜地问。

"我说你漂亮，是个好姑娘，可是你却不知道自己是个漂亮的好女孩。"教授给她解释。

米切尔秀丽的脸上绽放出了舒心的微笑。这样的话她从未当面听到过。平时充塞她耳际的，除了其他同学的嘲笑，就是她母亲的数落，因而她也就破罐子破摔了。

教授接着说："米切尔，今晚我和夫人要去剧院看芭蕾舞演出，邀请你与我们一起去。如果你愿意，请你回去准备一下，我们在这儿等你。"

米切尔表示愿意，她心里高兴极了，活蹦乱跳地拉着母亲回家去了。

快到约定的时间了，教授听到一阵轻轻地敲门声。打开门，他惊呆了：站在他面前的米切尔，衣着得体，举止优雅，他几乎认不出她了。

从此，米切尔再也不是从前那个邋里邋遢的样子了。她自尊自爱，活泼开朗，后来考上了著名的舞蹈学校。

从书中获取成长所需的养分

读书可以让我们从书中吸收自己需要的养分，丰富自己的知识，提高自己的学识水平，为自己的将来打好事业的基础。

中国著名作家冰心从小天资聪颖，舅舅是她的启蒙老师。每天晚饭后，他都要给小冰心讲一段《三国演义》中的故事，小冰心总是听得很入神。不久，她兴致勃勃地拿起一本《三国演义》，自己囫囵吞枣地读了起来。

小冰心开始读的时候，由于识字不多，只能挑选认字较多的段落看，看着看着，光看一些片段已经不能满足她的阅读需要了。于是，小冰心从头开始阅读，虽然有的字音读得不对，比如把"诸"念成"者"，但是她仍然没有放弃。

后来，小冰心见到什么书都要翻开来看看，即便不是一本书，哪怕是几页纸，只要上面有字，她都要看。由于看书入了迷，小冰心经常头也顾不得梳，脸也顾不得洗了，自己沉浸在书本里，随着主人公的命运跌宕起伏，一会儿开心地笑出声来，一会儿又默默落泪。

有一次，妈妈让女儿洗澡，小冰心在房间里看《聊斋志异》入了迷，直到洗澡水都凉了。妈妈看到这种情景，生气地从女儿手中夺走了书，随手撕成了两半，一半握在手中，把另一半摔在地上。小冰心急忙跑了过去，拾起地上的那一半又接着看了起来，惹得妈妈哭笑不得。

小冰心8岁的时候，就读完了《水浒传》《聊斋志异》《东周列国志》《西游记》《儿女英雄传》《镜花缘》《再生缘》等作品。10岁的时候，她的表舅指导她读书要有所选择，并为她列出了一些书目，除了《国文教科书》之外，还增添了《论语》《左传》《唐诗》《班昭女诫》《饮冰室自由书》等，并让小冰心开始阅读《诗经》。在表舅的循循善诱之下，小冰心开始对中国古典诗词产生了浓厚的兴趣。

冰心11岁的时候，她回到了故乡福州。她祖父的书房里摆满了书，很快那里就成了她的乐园。她只要一有空，就钻进祖父的书房里看书，看完后又放回原处，从不乱动祖父的书桌，因此深得祖父的宠爱。在她祖父的书桌上，小冰心读到了法国名著《茶花女遗事》，并慢慢喜欢上看翻译过来的小说。从书中她明白了许多国外的人情世故。

冰心涉猎广泛，在大量的阅读中，她吸收了丰富的文学知识，这为她日后成为著名作家打下了坚实的基础。

爱听故事的作家

哲学家培根说："知识就是力量。"女孩要想获得成功、成为杰出的人物，就需要通过读书掌握知识，提高自己的才干，让知识改变自己的命运。

西格里德·温塞特出生于丹麦的卡隆堡。父亲英瓦尔德是闻名北欧的考古学家，母亲也有很高的文化修养。

一天下班后，父亲发现温塞特睁着那双大眼睛，呆呆地望着天空，他吓了一跳。以为出了什么事。一问才知道，原来温塞特正在想，太阳那边是否有一个公主。

说到温塞特喜欢动脑的原因，就不得不提到她的一个姨妈。温塞特在童年时的最大乐趣，就是到乡下听姨妈讲故事。姨妈是一个作家，特别喜欢孩子，姨妈给温塞特讲的《格林童话》《安徒生童话》中那些美妙动人的故事，使温塞特对生活充满憧憬和希望。

正如弗洛伊德成为伟大的心理学家之后，始终念念不忘童年那位用童话带给他快乐的姨妈，温塞特把自己进入文坛的缘由，同她的这位姨妈联系起来。故事使温塞特产生了强烈的求知欲。稍大一些，她就开始阅读自己能找到的一切书籍，简直到了"嗜书如命"的程度。

大量的阅读使温塞特的写作才能得到了超常的拓展，后来，她出版了三卷本的《克里斯汀·拉夫朗的女儿》和四卷本的《马湾的主人》。这两大系列描绘中世纪生活的小说出版后成为当时的国际畅销书，《克里斯汀·拉夫朗的女儿》尤其受欢迎。而她令全世界读者着迷的并不是书中的理想主义倾向，而是她作为伟大叙事者的叙事天才。

温塞特因此于1928年获得诺贝尔文学奖。此后，几乎所有主要文字都有了她的作品的译本。直到今天，她的作品仍在世界范围内流传，拥有一代又一代的新读者。

引领时尚

俗话说：一招鲜，吃遍天。知识创造出的一小步领先都会给你带来无限的发展机遇，使你出类拔萃，将你推向一代弄潮儿的高度！

20世纪50年代，伦敦街头的许多青年身穿奇特的黑色服装，骑着摩托横冲直撞，他们以为这是最时髦的做派了。就在这个时候，玛丽·奎恩特设计的服装使这些时髦青年的衣着黯然失色。

1934年，玛丽·奎恩特出生在英国威尔士的阿伯拉斯特威思，她是一位教师的女儿。玛丽16岁时来到了伦敦，就读于伦敦金饰学院绘画系，毕业以后在女帽商埃里克的工作室里开始她的设计生涯。

起初，玛丽的设计对象是当时还未引起业界注意的少女时装。那个时候，女孩子的衣着毫无特色可言，通常是穿着与她们的母亲那一代人几乎完全一样的老式服装。玛丽则希望女孩子们穿上她们自己喜爱的女装，而不是古板过时的老式衣服，但这一想法当时并未引起人们足够的关注。

1955年，年轻的玛丽·奎恩特和丈夫在伦敦著名的英王大道开设了第一家“巴萨”百货店。他们的服务对象就是青年人，他们所推出的第一款服装就是后来名闻遐迩的迷你裙。虽然，当时他们俩的产业极小，在时装界更属于无名之辈，但是，由于迷你裙引发的争议恰恰预示着服装界未来的强烈地震，这是具有划时代意义的一步。因为20世纪50年代，女性的裙子下摆一般会遮住小腿肚，迪奥在1953年只不过将裙子下摆剪短了几英寸，在新闻界里就爆出一大冷门。而当时鲜为人知的玛丽·奎恩特却以其激烈的观点，开始了新时期的服装革命，当时她的口号是："剪短你的裙子！"

1965年，玛丽·奎恩特设计的迷你裙风靡全球，玛丽·奎恩特进一步把裙子下摆提高到膝盖上四英寸，随即，英国少女的装扮就成为令人羡慕和仿效的对象。这种衣服的风格被称为"伦敦造型"，到了20世纪60年代中期，"伦敦造型"渐渐成为国际性的流行样式。青年女性狂热地欢迎迷你裙，中年女性也以惊羡的目光接受这一变革，多种不同的迷你装应运而生。

现在流行的迷你裙就是在起跑时领先了一小步，才造就了玛丽·奎恩特"迷你裙之母"的地位，同时也为她带来了滚滚的财源。

少女老板

把所学的知识应用于创业，确立经营的理念，制订经营目标，解决实际问题，也就做到了人尽其才。不论女孩将来从事什么工作，只要勤奋努力，把聪明才智用于所从事的事业上，就一定能够做出成绩。

德文·格林是美国最有影响力的企业家之一。全美国的生意人都乐于听她讲述经营之道和绿色理念。令人意外的是，她只有11岁，却已经事业有成。那么，这个"大"老板是怎么成功的?

忙碌了一整天后，德文·格林来到第一国民银行，在存款柜台前排起队。轮到她时，她踮起脚，下巴靠在柜台上，要求营业员出一份账目报告。

德文看了一眼，略加思索后说道："投资基金行情继续看跌，但会上涨的。市场就是这样。"华尔街的风风雨雨不会让她惊慌失措。她是一个目标明确、追求执著、年少老道的企业家，一个11岁的小"人精"。她提出了一个全新理念：绿色资本主义。

1996年圣诞后的第二天，德文看到垃圾箱里到处是被人丢弃得乱七八糟的易拉罐，于是决定好好利用它们。她将这些易拉罐拾进袋子，对父母说要卖给工厂进行废物利用，并顺便赚几块钱。这个女企业家下午3点放学，放学后她就开始捡拾可以回收利用的物品。从易拉罐、钥匙到旧马达，这些她都捡，然后把它们运到金属回收工厂。每100千克工厂付一张55.36美元的支票，她把支票存入银行。

那时，德文已在学校里学会了至今念叨不停的口头禅："你是否知道一个易拉罐要200年才能分解掉呢？"每次作报告时，她总要说这句话。

德文走上主席台，站在同她一般高的讲稿架后，向听众注目一笑，说道："我叫德文·格林。我想请你们帮个忙。"随后，她开始讲述她的经历和她"治疗世界"的梦想。听众每每为她的演说所折服，纷纷踊跃捐款。德文的母亲说："生意场上这种表达诚意的战术，她6岁时就学会了。"

德文给百万富翁们讲授如何使资产增值，在动物保护组织和环保协会募捐活动上发表精彩演说，号召大家为穷人慷慨解囊。

动物常常是女孩的宠物，德文也不例外。因此，她最大的愿望是修建一个动物之家。事成之后，她向往就职于迪斯尼动物世界。德文觉得她有可能谋到这样一个职位，因为2000年她曾击败成千上万名女孩，被选为迪斯尼世界"千年梦幻女孩"。这顶桂冠和其他十多个奖项足以令任何一个女孩沾沾自喜，但德文却很谦虚，仿佛这些荣誉跟她毫无关系。

德文的朋友已遍布天下，收到的电子邮件有来自法国、津巴布韦等许多国家。在美国，她是方兴未艾的“孩子企业家运动”当之无愧的领袖。11岁的她订阅了《华尔街日报》。她更是出类拔萃的六年级学生，学习经商之余也爱玩耍。她会和学校的小朋友、妹妹杰西以及小动物纵情嬉戏。

公司的利润所得她是这样分配的：10%作为自己的打工酬劳，50%用于投资基金，投资于富兰克林基金会和西铁城基金等环保基金，30%捐赠给53家慈善组织，余下的10%用于日常开支。

要问如此重任是否有利于一个11岁女孩的健康成长。德文说：“生活的意义在于有所作为而忙碌。”真是一个天真可爱的女孩，一个成功的企业家！

小才女

读书不仅给人以乐趣，而且给人以知识，女孩通过阅读可以开阔视野，增长才干，进而改变自己的命运。

露丝·劳伦斯从小酷爱读书，9岁时就完成了全部高中课程，两年后，11岁的她考上了牛津大学。

当时，露丝和其他考生一起参加入学考试，在530名考生中，露丝的成绩名列第一名，她因此获得牛津大学圣·休斯学院的奖学金。

露丝考入牛津大学后，在圣·休斯学院学习。在一次课堂学术讲座上，其他同学正在为如何解答一位院士精心设计的复杂公式而绞尽脑汁时，露丝此刻却指出该题中有一个错误。露丝的才华卓绝超群，她被誉为牛津大学的数学“神童”。

经过两年的学习，13岁的露丝大学毕业了，她是英国牛津大学建校数百年来最小的大学毕业生。

接着，她又攻读硕士学位。满16岁时，露丝便完成了哲学博士的学位论文，并顺利通过答辩。

读书大王

读书益智，使人变得越来越聪明。不爱读书的“神童”是不可能持久的。

珍妮从小喜欢读书。上小学时，学校图书馆里的书，尤其是科幻小说，早已被她读完了。她父亲给她买了一套查理·布朗的《儿童百科全书》，她很快也读完了。小伙伴们都感到惊讶和佩服，称她是“读书大王”。

后来，在身边已找不到没有看过的少儿图书，珍妮竟然连成年人小说《飘》也拿过来读。当手上的书全部看完后，没有新的补充时，她便向字典进攻。据说，这期间她平均每星期读20本书。

令大家惊奇的是，珍妮不仅阅读速度惊人，而且对读过的内容基本都可以记住。

珍妮不满12岁，就被美国加州大学录取为大学生。入校后，她攻读该大学的犯罪法律学及舞台艺术，虽然这两科是完全没关系的课程，但她的学习成绩都是“A”。

12岁时，珍妮接受了一项全美数学及英文测验，被认定为智商高达160分以上，按照通常的标准凡智商达到130分的人就已是天才了。

几年后，珍妮获得学士学位，又顺利地获得去哈佛大学法律学院深造的资格。

让智慧发光

寸有所长，尺有所短。每个女孩都有自己的长处。重要的是，你要善于发现自己的长处，扬长避短。

一个二十出头的女孩子，与其他女孩相比，她感觉自己没有优越的地方，她出生在普通的家庭、普通的父母，拥有普通的外貌，上学也是在普通学校……但这个女孩有着丰富的想象力，她在读大学期间，宽松的环境让她有了更多的时间，她的思绪总会情不自禁地沉浸在幻想的世界里，她的脑海里也常常会出现童话中的情景：蔚蓝的天空，绿绿的草地，穿着白衣裙的姑娘，刁蛮的巫婆和可恶的魔鬼……他们之间有着许多离奇的故事。

这个女孩常常动手把自己想象的情节描写出来，但有的同学却受不了她大脑里那些荒唐古怪的东西。

有一次，女孩与一个同学约会，突然，她又想到了一个童话故事，张口就讲了起来。她没有想到对方却不爱听。“你已经不是孩子了，怎么好像永远都长不大。”那个同学起身说完这句话就离开了。这个女孩受到的冷遇不止这一次了，可她仍然没有改变爱幻想的习惯。她的名字就是乔安娜·凯瑟琳·罗琳，人们习惯把她叫J. K·罗琳。

在罗琳25岁那年，她带着一丝淡淡的忧伤和改变生活环境的想法，来到了具有浪漫色彩的葡萄牙，希望在这里能有好运气。罗琳来到葡萄牙不久，就找到了一份教师工作——给学生教英语。在业余时间里，她继续写她大脑里所幻想的童话。

然而，在浪漫的葡萄牙，罗琳也没有得到她期望的童话般的美好生活。她与一名记者走进了婚姻殿堂，但是没过多久，二人就分手了。喜欢编织童话的罗琳，在现实生活中遇到了挫折。祸不单行，离婚不久，罗琳又被学校解聘了。她失去了生活来源，无法在葡萄牙立足，她迫不得已又回到了自己的故乡，靠领取社会救济金和亲友的资助生活。婚姻的变故和失业的压力，没有使罗琳停止放弃童话写作。这时候，罗琳只是把这些童话故事讲给自己的女儿听。

有一天，罗琳在英格兰外出乘地铁，她坐在冰冷的椅子上等车。忽然，一个十多岁的小男孩走入了她的眼帘：他身材适中，面容清秀，戴着一副细黑边的眼镜，神态自若，温文尔雅，好像是从她的童话里走出来的一个人物。随即，罗琳的脑海里浮现出一连串的童话情景，多年积累的童话素材和生活阅历，终于等来了灵感闪现的一刻，创作激情油然而生。罗琳一回到家，马上就铺开了稿纸，提起笔一发而不可收。

罗琳的长篇童话《哈利·波特》完成了。原本出版商在出版前并不看好她这本书，可结果没有想到书一上市就受到了众多少年儿童的欢迎。《哈里·波特》被翻译成35种文字，在世界上许多国家畅销，先后售出了3500万册，登上了国际畅销书排行榜。这个业绩连罗琳自己都感到吃惊。

后来，罗琳的《哈里·波特》还被拍成电影。罗琳因版税收入排在“英国在职妇女收入榜”之首。

自觉提升

桑叶在天才的手中变成了丝绸。黏土在天才的手中变成了堡垒。柏树在天才的手中变成了殿堂。羊毛在天才的手中变成了袈裟。

成功学家拿破仑·希尔曾经聘用了一位年轻的惠特曼小姐当助手，让她负责拆阅整理和回复他的大部分私人信件。当时，惠特曼小姐的工作是听拿破仑·希尔口述，记录信的内容。她的薪水和其他从事相类似工作的文员相同。

有一天，拿破仑·希尔口述了一条格言，并要求惠特曼小姐用打字机把它打下来："记住：你唯一的限制就是你自己脑海中所设立的那个限制。"

当惠特曼小姐把打印好的格言交给拿破仑·希尔时，她说："你的格言使我获得了一个想法，对我很有启发。"

这件事拿破仑·希尔并未在意。但从那天起，他看得出来，这件事在惠特曼小姐脑海中留下了深刻印象。具体表现在行动上，她开始在用完晚餐后又回到办公室来，做一些不是她分内而且也没有报酬的工作。

起初，惠特曼小姐把写好的回信放到拿破仑·希尔的办公桌上。她已经研究过拿破仑·希尔的写信风格，因此，这些回信她可以写得跟拿破仑·希尔自己写的一样好，甚至更好。她一直保持着这个习惯，直到拿破仑·希尔的私人秘书辞职为止。当拿破仑·希尔开始找人来补这位男秘书的空缺时，他很自然地想到这位小姐。但在拿破仑·希尔还未正式给她这个职位之前，她已经主动地接受了这一职位。由于她是在下班之后、并没有领加班费的情况下自己熟悉这项工作的，惠特曼小姐最有资格出任拿破仑·希尔属下这一最好职位——私人秘书。

此外，惠特曼小姐的办事效率太高了，因此引起其他人的注意，于是，有人给她提供更好的职位和更优厚的待遇。拿破仑·希尔已经多次给惠特曼小姐涨了薪水，她的薪水现在已是她当初来拿破仑·希尔这里当一名普通速记员薪水的4倍了。对于这件事，拿破仑·希尔实在是束手无策，因为惠特曼小姐使自己变得对拿破仑·希尔极有价值。因此，拿破仑·希尔不能失去这个得力助手。

走进黑猩猩的世界

每个女孩都有自己的理想，要想实现自己的理想就需要积极行动，通过自身的不懈努力，最终使理想变成现实。只有理想而不认真实施，理想永远也不可能实现。

许多专家曾经断言，人们无法对野生黑猩猩的生活奥秘进行探索，因为黑猩猩居住在人难以穿越的密林里，研究人员会遭遇各种各样的危险与困难。可是，20世纪60年代初，从坦桑尼亚传来一个惊人的消息：有一位刚刚走出校门的女生珍妮·古多尔怀着为科学献身的崇高理想，放弃了优越的工作，远离繁华的都市，只身进入非洲丛林与黑猩猩为伴，她想探索属于黑猩猩的独立王国。

珍妮·古多尔说："所有这一切，都要联想起我那遥远的童年。我从小就对动物产生了浓厚的兴趣。一次，曾钻进闷热的鸡窝一直待了5个小时，就是想看一看母鸡究竟是怎样下蛋的。8岁时，我就下定决心：长大了一定要到非洲去，和野生动物为伴。当我18岁中学毕业时，毫不犹豫地辞去了新闻电影制片厂里的工作来到了非洲。"

1960年，当立志研究人类近亲黑猩猩的珍妮生平第一次进入她无限向往的非洲密林时，既为那壮观的原始景象所激动，又为无法接近黑猩猩而焦虑。刚开始，黑猩猩在500米以外见到珍妮就逃跑了，或者在与她突然相遇时威吓她。

珍妮在热带丛林中风餐露宿，她所要面对的恶劣环境是不难想象的：时常面临毒蛇猛兽的袭击威胁，潮湿炎热的气候，疟疾的折磨以及其他种种困难，这一切都使她的工作变得极为艰难。但是，这些困难丝毫没有减弱珍妮对工作的热情。当她第一次在近距离内观察到黑猩猩的活动时，心里十分激动，她觉得自己的呼吸都快要停止了。

珍妮的整个身心都贯注于对野生黑猩猩行为的研究，逐渐地，黑猩猩成为她朝夕共处的朋友，以至后来她能准确地理解黑猩猩的每一种姿势和表情的含义。在她翔实的观察成果中，有一个又一个和睦友爱的黑猩猩家庭，也有惊心动魄的黑猩猩之间以及黑猩猩与狒狒之间的争雄角斗；有黑猩猩家庭内庆贺小猩猩出生时的欢乐，也有垂钓白蚁的情景……所有这一切，耗去了珍妮整整11年的青春岁月。

珍妮以宝贵的青春为代价，在动物研究史上首次揭开了黑猩猩行为的奥秘，完成了这项许多专家虽梦寐以求却无法完成的科研壮举，填补了关于人类近亲动物知识领域的空白。为了实现童年的理想，珍妮敢于冒险的挑战精神，至今还被人们传颂。

微笑化干戈

面带微笑是一种神圣的事，因为微笑具有力量，能够使那条束缚所有生灵的巨大锁链失去分号。

在飞机起飞前，有一位乘客需要服药，请女服务员倒一杯水。女服务员很有礼貌地说：“先生，为了您的安全，请稍等片刻，等飞机进入平稳飞行后，我会把水给您送过来，好吗？”

15分钟之后，飞机已经进入了平稳飞行状态。突然，机舱里的服务铃声急促地响了起来，女服务员这才意识到，她忘记给那位乘客倒水了！

女服务员来到客舱一看，按响服务铃的果然是刚才那位乘客。她马上倒好水，小心翼翼地送到那位乘客跟前，面带微笑地说："先生，实在对不起！由于我的疏忽，延误了您吃药的时间，我感到非常抱歉！"

这位乘客抬起左手，指着手表说道："都快20分种了才端来一杯水，有你这样服务的吗？"女服务员手里端着水，心里感到很委屈，但无论她怎么解释，这位乘客都不肯原谅她。

接下来的飞行旅途中，为了补偿自己的过失，女服务员每次去客舱给乘客服务时，她都会特意走到那位乘客面前，面带微笑地询问他是否需要水，或者需要别的什么帮助。然而，那位乘客还是怒气未消，摆出一副不合作的样子，并不理会女服务员。尽管如此，女服务员还是坚持每次路过那位乘客那里，面带微笑地询问他是否需要什么帮助，对方的态度好像有点缓和，但依旧满脸严肃的表情。

临到飞行目的地之前，那位乘客要求女服务员把乘客留言本给他送过去。显然，他要投诉这名女服务员。此时，女服务员心里虽然很委屈，但是仍然不失职业道德，面带微笑地说道："先生，请允许我再次向您表示真诚的歉意，无论您提出什么意见，我都将欣然接受！"那位乘客抬头看了女服务员一眼，嘴巴想说什么却没有开口，他接过留言本，提笔在本子上写了起来。

飞机安全降落在机场，乘客陆续下了飞机，女服务员心想这下可糟了，她担心那位乘客的投诉会给她的业绩考核带来负面的影响，但她还是想看一下那位乘客到底提了什么意见。当她打开留言本时，却意外地发现那位乘客在本子上写下的并不是投诉信，而是一封热情洋溢的表扬信。其中写道："你表现出了真诚歉意，特别是你的多次微笑打动了我，使我改变初衷将投诉信写成表扬信！"

走自己的路

如果哥伦布也人云亦云的话，他就不会发现那条通往印度群岛的新路线。成功的道路有千万条，只有一条属于你！坚持自己的理想，做自己想做的事情。切莫走别人的路，误了自己的行程。

1943年的一天，有一个叫玛格丽特的英国女孩，走进了所在学校女校长办公室说："校长，我想现在就去报考牛津大学的萨默维尔学院。"

女校长皱着眉头说："你连一节拉丁语课都没有学过，怎么去考牛津大学？"

"拉丁语我可以学嘛！"

"你才17岁，而且你还差一年才能中学毕业，你必须毕业后再考虑这件事。"

"我可以申请跳级！"

"绝对不可以！"

"你在阻挠我的理想！"玛格丽特头也不回地冲出了校长办公室。

玛格丽特回家后，把自己的想法告诉了父亲，父亲也支持她。因为从小受化学老师的影响，她对化学很有兴趣。同时，在大学学习化学专业的女孩子比其他任何学科要少得多，于是，她选择了化学专业。

玛格丽特在提前几个月得到了高年级学校的合格证书后，她就参加了大学考试。经过耐心的等待，她终于等到了牛津大学的入学通知书。

后来，玛格丽特逐渐从一个普通的女孩子成为一位自信而充满个性的女性。

由于小时候受她父亲的影响，她逐渐对政治有了浓厚的兴趣。在牛津大学上学期间，她就参加了保守党协会，并成为主席。1950年，玛格丽特第一次竞选议员惨遭失败，她没有气馁，也没有放弃自己的从政愿望，直到1959年才当上众议院议员。1974年在两次大选中失利之后，她所属的保守党临阵换将，将玛格丽特推上了保守党领袖的地位。玛格丽特不负众望，敢于担当，1979年率领保守党终于赢得大选胜利，也由此登上了英国首相的宝座。

玛格丽特就是人们所熟知的撒切尔夫人。撒切尔夫人在整个任期内，特别是在英国与阿根廷发生的马岛战争中，以果断的领导魅力获得“铁娘子”的称号。

从改变自己开始

习惯是一种顽强而巨大的力量，可以主宰一个人的人生轨迹。因此，女孩自幼就应该通过完美地培养，去建立一种好的习惯。良好的生活习惯可以改善一个人的生活处境。一个女孩子只要养成了干净整洁的良好习惯，不仅可以让自己增强自信，积极向上，而且会感染周围许多人。

艾米莉是一个12岁的小女孩。她家所在的街区又脏又乱。没有人行道，没有路灯，街道一头的铁轨每当火车经过时就会产生不少噪音。

艾米莉的爸爸经常为找工作四处奔波，有时能找到点儿活干，有时就找不上，因而家里经济一直很拮据，他们家的屋子多年都没有粉刷了。艾米莉家的院子里连自来水也没有，她只好经常到街上去提水。

春天来了，女孩子们都穿上了漂亮的新衣裳。但是，艾米莉还是穿着那件她已穿了一个冬季的布罩衫。有的女孩猜测，她是不是只有这一身衣服？

虽然家庭贫寒，但是艾米莉学习很用功，又懂礼貌，见了人总是笑呵呵的。只是她的脸上经常没有洗干净，头发也总是很蓬乱。

一天，老师对艾米莉说："明天你来上学以前，请你为我洗洗你自己的小脸，好吗？"老师看得出，她是个漂亮的小女孩。

第二天，艾米莉洗干净了脸，还把头发梳得整整齐齐的。放学时，老师又对她说："好样的，艾米莉，让妈妈帮你洗洗衣服吧。"可是，艾米莉还是每天穿着那身脏衣服来上学。

"她的妈妈可能不喜欢她？"老师想。于是老师就买了一件漂亮的蓝裙子送给了艾米莉。艾米莉接过这礼物又惊又喜，飞快地向家里跑去。当她穿着那件漂亮的裙子来上学时，显得又干净又整齐，她兴高采烈地对老师说："我妈妈看我穿上这身新衣服，嘴巴都张大了。"

艾米莉的父亲看到穿着新裙子的女儿时，高兴地说："真没想到，我的女儿竟然这么漂亮！"全家人坐下吃饭时，他又吃了一惊：桌子上铺了桌布！家里的饭桌上从来没用过桌布。艾米莉的父亲不禁问："这是为什么？"

"我们要整洁起来了。"艾米莉的妈妈说，"又脏又乱的屋子与我们这个干净漂亮的小宝贝太不相称了！"

晚饭后，艾米莉的妈妈就开始擦洗地板，她的爸爸站在一旁看了一会儿，就不声不响地拿起工具到后院修理栅栏去了。没有几天，全家人就在院子后面开辟出了一个小花园。

随后，邻居们也开始关心艾米莉家的变化，他们开始向市政当局呼吁：应该帮助这条没有人行道、没有自来水的街区的居民，他们的境况这样糟，可是他们仍然在尽力创造一个美好的环境。几个月后，艾米莉所在的街区简直变得让人认不出了——修了人行道，安上了路灯，每户家庭的院子里都接上了自来水。

从此之后，艾米莉逐渐养成了爱干净整洁的习惯，她非常重视自己的形象，衣着得体大方，后来当选新泽西州一座城市的市长。

坚持自己的独立见解

成功者都是善于思考和有主见的人，这样才可能坚持自己的观点，实现自己确定的人生目标。人云亦云，对待问题随大流，这些都是缺乏思考的表现。女孩子想出类拔萃，做出一番事业成为非凡的人物，就应该养成善于思考的习惯，不断提高分析和解决问题的能力。

杰妮小时候，有一次，回到居住在乡村的外祖父家里度假。她外祖父的房屋后面有一个花园，连接着一大片树林。这里虽然不能和广阔的原野相提并论，但毕竟接近大自然了。

在这次度假期间，杰妮把大部分业余时间都花在花园里，她尝试观察自然界的一草一木，在本子上详细记载着花园里的每一种植物的名称及其生长情况，例如：什么时候发芽了，什么时候开花了，什么时候凋谢了，等等。除了观察植物之外，杰妮还仔细观察缓慢爬行的蜗牛、搬运食物的蚂蚁、飞来飞去的蜜蜂、翩翩起舞的蝴蝶等各种小动物。在这里，杰妮逐渐对大自然产生了浓厚的兴趣，她开始努力破解大自然正在发生的一切。

回到学校之后，杰妮开始依靠书籍来解决她想知道的一切，于是制订了一个学习计划，自己努力去寻找答案。在此过程中，杰妮经常提出一些新奇的看法，虽然老师表扬杰妮的钻研精神，但同学们却认为她那是“奇谈怪论”，但几乎没有人能争辩过她。好在杰妮的父亲一直是她女儿唯一的“忠实听众”，他总是耐心地听取杰妮的想法，对于女儿不拘一格的独特相像力与创新思维，父亲给予了最细心地呵护，每次听完女儿的新想法，父亲都会给予肯定和鼓励。

父亲的赞许给了杰妮极大的信心，使她无论做什么，都试图用自己的新观点去做。每当杰妮头脑里冒出什么新想法时，她首先想到告诉父亲。在小杰妮看来，父亲的赞许便是对她的肯定。

在父亲的鼓励下，杰妮保持了自己的独立见解和大胆的怀疑精神。而这对于每一个想有所创新的科学家来说，无疑是必不可少的基本素质，也就是在这时候，奠定了杰妮未来在进行科学研究时，敢于游离于科学界主流以外，勇敢地坚持当时绝大多数人不理解的“过时”的研究课题的基础。

长大之后，杰妮的正式名字是克莉斯蒂安·福尔哈德。经过多年努力，1995年克莉斯蒂安·福尔哈德获得了诺贝尔生理学及医学奖。

书能给人以光彩与才干

读书能给人以乐趣，给人以光彩，给人以才干。养成了爱读书的习惯，就懂得利用知识增强自己的能力，使自己的生活充满意义和乐趣。

朱莉是美国作家，还在她6岁的时候，她就开始跟着父母在地里干农活。但尽管如此，小朱莉一家人的生活还是很艰难。后来她的父亲被迫携带着全家到印第安纳州去开荒。也是在这一年里，母亲决定把小朱莉送到学校去读书。由于家庭经济拮据，小朱莉只能选择进入一所简陋的学校。因为办学条件差，这所学校的老师陆续地走了，最后学校仅仅开办了一年就关闭了。

正是这一年的教育激起了小朱莉强烈的求知欲，并逐渐使她养成了爱读书的习惯。不管走到哪里，她总是要带着一本书，哪怕是去地里干农活，也总要在劳动间歇看上几页书。没过多久，小朱莉已经将家里所有藏书都看完了。下面怎么办呢？母亲给她出了一个主意，让她去别人家借书看。为了借书，小朱莉不怕辛苦，有时候，为了借一本书，她甚至要来回走上几里路。对于一个八九岁的女孩子来说，这需要付出多大的勇气和毅力啊！但是，小朱莉却没有因此而放弃过读书的兴趣。

到十几岁的时候，小朱莉有时还要给别人家干活，靠这样来赚钱补贴家用。有一天，她到邻村的鲍里斯医生家里去干活。她在帮鲍里斯医生打扫房间时发现桌子上放着一本《华盛顿传》，于是鼓足勇气向鲍里斯医生借这本书。鲍里斯医生买来这本书时间不长，心里有些舍不得，他问小朱莉：

"孩子，你能看得懂这本书吗？"

"是的，鲍里斯先生。"

"可这是一本新书，你能把它保管好吗？"

"当然，这肯定没问题。"

"好吧，你既然这样喜欢它，那就借给你几天吧！千万不要把它给弄脏了。"

小朱莉借到书，心里高兴极了。一干完活，她就兴奋地回到家里。这时候已经是夜晚了，劳累了一天的小朱莉完全忘掉了疲劳，坐在火炉边仔细地阅读了起来。

子夜12点的钟声敲响了，小朱莉还坐在火炉边看书。妈妈几次催她去睡觉，可是小朱莉还是舍不得放下。一直到凌晨2点，在妈妈一再催促下，小朱莉才合上了书。

睡梦中，小朱莉被一阵雷声惊醒了，当她睁开眼睛的时候，发现家里正在四处漏雨，吓得她赶紧去看放在床头柜上的那本新书，但已经晚了，书皮已被雨给淋湿了。她慌忙地穿好衣服，把书拿到炉火旁去烘烤，结果书皮被烤得皱皱巴巴的。她心里又焦急又难过。天亮后，就把没看完的书还给了鲍里斯医生，并希望得到他的原谅。当鲍里斯医生接过书，看着昨天还平整的书皮，眼前已经皱巴巴的，的确有些不高兴。

"孩子，你可是向我保证过不把它弄脏的。你知道，这本书值多少钱吗？"

"是的，先生，可是我实在没有想到夜晚会下起雨来。不过，我可以为您干活，用工钱来赔偿这本书。"

就这样，小朱莉为鲍里斯先生干了3天活，鲍里斯被诚实的小朱莉感动了。他说："好孩子，你不必用工钱赔偿的，这本书就归你所有了。"说完，他把书又交给了小朱莉。

这件事在村民们中口耳相传，附近的农夫们知道小朱莉勤奋、好读书，于是都愿意把家里的藏书借给她。在随后的几年里，小朱莉把远近几十里内所能找到的书全都读完了。

后来，通过不懈努力，朱莉终于在她23岁的时候出版了第一部作品，成为了一名女作家。

第八辑

有一种友爱叫真诚

做错了就要诚心地道歉

道歉可以消除误会，化解矛盾，改善你的人际关系。你不要忽视道歉的作用，在与其他同学的交往中，要勇于承担过错，学会道歉。

初春的一个周日，小花和妈妈去书店购买课外读物。她们在书店看了两个小时，母女俩腿都站累了。买好书后，小花和妈妈来到广场上准备休息一会儿。妈妈说要去买一份报纸看看，小花便放下书包拿出了新买的《爱丽丝梦游仙境》，兴致勃勃地看了起来。

正当小花看得入神的时候，突然一只足球飞了过来，把小花手里的书撞到了地上。她捡起书一看，书皮已经脏了，有两页已经被撞破了。看到自己心爱的书被弄成这个样子，小花很生气。

就在这个时候，一个七八岁的小男孩过来捡他的足球。

小花拿起书，生气地说："哎，你看看，你把足球踢到我的书上了！还把我新买的书撞破了两页呢！"

小男孩想表示歉意，一看小花生气的样子，又自知理亏，也就没说什么。

小花看小男孩不搭不理的，大声喊道："你怎么不说话啊！你哑巴了啊！"

小男孩感觉受到了呵斥，眼泪一下子流了出来。他妈妈走过来，看到儿子受了委屈，就询问了情况，随后对小花说："很抱歉！我的孩子把你的书撞到地上了。他不是故意的，请你原谅！"

这时，小花的妈妈买报纸回来了，她了解了事情的经过后，便严肃地对女儿说："小花，你不应该用那样的口气批评小弟弟。你也有不对的地方，也应该向小弟弟道歉。"

虽然，小花感觉自己无辜，有些不情愿，但还是当面道歉了。

小男孩的妈妈夸赞小花说："你真是一个懂事有礼貌的好孩子！"

小花听了这句话有点不好意思，但心里感到一阵温暖，心情也畅快多了。

道歉是人生的处世艺术。人生有太多的地方，要诚心地说声"对不起"。有时一声"对不起"就可以消除对方的误会，使双方和好如初。经过这次道歉的经历，小花体会到了，道歉可以化解人们之间的争执，也能使自己保持快乐。

木偶与泥偶

现实生活中不可能没有矛盾，你与朋友相处有时难免也会发生纠葛，注意不要对此斤斤计较，即使对方不慎冒犯了你，你也不必记恨对方，或者产生愤怒的情绪，更不应该采取激烈的措施报复对方，使矛盾激化，这样会给自己带来更大的痛苦。

乔伊娜和朱丽亚是一对好朋友。一天，她们在花园里踢毽子，由于朱丽亚踢得少，乔伊娜讥讽了朱丽亚，说她笨。朱丽亚以为乔伊娜对朋友太傲慢，也生气了。原先两个人是好朋友，因为一点小事，就互不搭理对方了。

那天晚上，妈妈把乔伊娜叫到了身边，给她讲了一个格林童话，故事的情节是这样的：

河边上住着一个泥偶和一个木偶。在一个干旱的季节里，泥偶和木偶曾经有一段朝夕相处的日子。时间一长，木偶渐渐看不起泥偶，因此总想找机会讥笑它。

有一天，木偶带着嘲笑的口吻对泥偶说："你原来是岸边的泥土啊，人们把泥土揉弄在一起捏成了你。别看你现在有模有样的，神气十足，等到了七八月，大雨来临了，你就会被水泡成一堆稀泥啊。"

泥偶并没有在意。它严肃地对木偶说："谢谢你的关心。不过，事情并没有你所说的那样可怕。既然我是用岸边的泥土捏成的泥人，即使被水冲得面目全非，变成了一堆稀泥，也仅仅是还原了我本来的面目，让我回复到岸边罢了。而你倒是要仔细地想一想，你本来是一块桃木，后来被雕成了人样。一旦到了雨季，河水猛涨，波浪滚滚的河水就会把你冲走。那时，你只能随波逐流，不知会漂泊到什么地方。老兄，你还是多为自己的命运操操心吧！"

听了这个童话故事，乔伊娜羞愧难当，主动向朱丽亚道歉，随即两个人又和好如初了。

摘掉假发

人不是为失败而生的。一个人可以被毁灭，但绝不能被打败。

琳娜上七年级时，从一篇医学报告中得知她患上了白血病。这是她的家人一直忧虑的事，现在终于变成了事实。

在接下来的几个月里，琳娜必须经常到医院接受定期检查。她打过无数次针，测试过千百次，然后就是化疗，也许这样就有被救活的希望，可是她的头发因此全掉了。对一个正在上七年级的女孩而言，掉头发是一场噩梦，头发也许不会再长了，她的家人为此而担忧起来。

升入八年级前的暑期，琳娜开始戴假发，她感觉戴假发不太舒服，弄的头皮发痒，可是她还是戴着。以前，很多同学都喜欢她，总有一大堆孩子围绕在她身旁。但是，自从她脱发以后，事情似乎改变了。

在升入八年级的前两个礼拜，琳娜的假发被调皮的男生从后头拉走了好几次，每次遇到这样的窘境，她都要停住步子，弯下腰捡起假发，并重新戴好，然后抹去眼泪走回班上。此时她显得多么孤单和无助啊，她多么希望每到此时能有人为她挺身而出。

这样的生活持续了两个星期，琳娜告诉父母她再也无法承受了。父母无可奈何地说："如果你愿意，你可以待在家里。"的确，对于她的父母来说，面对一个将要死去的女儿，是不会介意她是不是升到八年级，只要能给她快乐，让她有平静的日子，无论怎样都可以。

在父母面前，琳娜说出了自己的心里话："没有头发不算什么，我可以应付，但是没有朋友的感觉是我最受不了的。走在校园里，同学们会因为我来了，远远地把我隔开。在该吃比萨饼的那天，我一到餐厅，其他同学就留下一堆吃了一半的盘子就走开了。他们说他们不饿，可是我知道那是因为我坐在那儿他们才离开的。我也知道没有人愿意在上数学课时坐在我的旁边，在我的贮物柜左右的同学都把自己的柜子移开了，他们宁愿把书本跟别人放在一起，只因为他们的柜子在一个戴假发、得怪病的女孩旁边。他们摘我的假发不要紧，可是他们难道不知道我最需要朋友吗？失去生命无妨。因为我信仰上帝，我知道我会得到永生。失去头发不算什么，但失去朋友才是最折磨我的。"

最终，琳娜打算离开学校回家休养，但在这个周末发生的一件事改变了她的想法。

这是一个七年级的男生的故事：这个男生来自阿肯萨斯，尽管在此《新约圣经》不受欢迎，他还是把它放在衬衫口袋里带到了学校。后来，有三个男生逮到他，翻出他的《圣经》说："你这胆小鬼，宗教和祈祷都是为胆小鬼设的，别再把《圣经》带到学校来。"他却虔诚地把《圣经》递给三个男生中最大的那一个，还说："看你有没有胆子，把它带到学校，绕着校园走一圈！"这三个男生无话可说，他们因此成了朋友。

正是这个故事给了琳娜继续前进的勇气。仅仅过了星期一，琳娜又戴上假发上学了。她尽量把自己弄得很漂亮，她告诉父母："我今天要去学校上学。我必须做一些事，发现一些新事物。"父母都很担心，他们担心有什么不好的事情发生，但还是开车把她送到了学校。一天过完了，她的父母发现并没有什么事发生。

只是，这几个礼拜的每一天，琳娜都要在下车前拥抱亲吻她的父母。虽然她在学校还是不受欢迎，仍然有一些孩子嘲笑、捉弄她，但她从没有被嘲笑所阻挡。这一次，琳娜离开车子前，静静地转过身，动情地说："爸妈，你们猜今天我要做什么？"她的父母问："宝贝，怎么了？"琳娜回答："今天我要去发现谁是我最好的朋友，谁是我真正的朋友。"她摘掉了假发，把它放在她的座位旁。她说："他们必须接受我真正的样子，否则他们就是不接受我。我没有太多时间了。我今天必须把真正的朋友找出来。"

那天，奇迹发生了。琳娜经过运动场，走进学校，没有人大声讥嘲，也没有人敢捉弄这个充满勇气的小女孩。

收起坏脾气

女孩如果能够乐观向上，心态积极，不仅能让自己活得快乐，还可以给他人带去阳光。如果老是由着自己的性子，生活就会到处都是阴影，没有任何快乐可言，这样不但伤害了自己，也伤害了别人。

芬妮是一个脾气急躁的女孩，情绪波动极大，动辄怪罪别人，与周围人的关系越来越紧张。其他同学难以忍受她的坏脾气，都不喜欢和她玩。她没有好朋友，经常觉得自己很孤独。

芬妮向心理老师丽达求救。老师说："芬妮，你不必担忧，只要经过适当的调整，一切都会好转的。"并又建议她："在你发脾气之前，不妨想一想，究竟是哪一点触动了你？"

丽达说："你可以拥有两种思考，一种是每件事情都在脑海里剧烈地翻搅，另一种则是顺其自然，让思想自己去决定。"说着，她拿出了两个透明的玻璃瓶，然后分别装了一半清水；随后又拿出了两个塑料袋，分别是白色和蓝色的玻璃球。

丽达告诉芬妮："当你生气的时候，就把一颗蓝色的玻璃球放到左边的瓶子里；当你克制住自己的时候，就把一颗白色的玻璃球放到右边的瓶子里。"

此后的一段时间里，芬妮一直照着丽达老师的建议去做。

有一天，丽达来到芬妮家里进行家访，两个人把两个瓶中的玻璃球都捞了出来。她们发现，那个放蓝色玻璃球的水变成了蓝色。原来，这些蓝色玻璃球是丽达在白色玻璃球涂上蓝色染料做成的，一放到水里，蓝色染料就溶化到水里了，水就呈现出蓝色。

丽达看着瓶子里蓝色的水，对芬妮说："你看，原来的清水投入'坏脾气'后，也被污染了。你的言语举止，是会感染别人的，就像玻璃球一样，当你心情不好的时候，要控制自己。否则，坏脾气一旦投射到别人身上，就会对别人造成伤害，再也不可能回复到以前的状态。"

芬妮后来发现，按照老师建议去做，慢慢地，原来的好朋友又回到了她的身边。

一盒饼干

信任是交友的前提。信任别人的人一般比较自信，能够获得更多的朋友，得到更大的快乐。所以，与人相处要多从正面听其言、观其行。同一件事情若用负面的眼光去看，结论往往是错的。

有一天，一个16岁的少女在车站候车。为了打发时间，她买了一本书和一盒饼干。随后她找到一个空位子坐了下来，从包里拿出《浮士德》看了起来。不经意间，她发现她身边坐了一个十五六岁的男孩，他不停地伸手从放在他们两人中间的一个饼干盒里拿出饼干，毫无顾忌地吃了起来。

这个女孩心里不高兴，也不好意思向男孩说什么，她怕引起男孩难堪，便假装没有看见，也开始从盒子里拿饼干吃。她看了看表，同时用眼角的余光看到那个吃饼干的男孩，居然也在做同样的动作。女孩更生气了，心想："如果不是我这么好心，这么有教养的话，我早就骂你一通，让你无地自容了。”但她还是压住了内心的怒火，她不想在大庭广众之下与人争吵，也不打算过于惹恼对方，以免徒生事端影响她的行程。

女孩每吃一块饼干，男孩也跟着吃一块。当剩下最后一块时，他不太自然地笑了笑，伸手拿起那块饼干，掰成两半，给了她一半，他自己吃了另一半。女孩接过那半块饼干，想道：“这个男孩真是太没有教养了！甚至连声‘谢谢’都不说！我从来没有见过这么没有涵养的男孩。”

听到上车的广播之后，女孩长出了一口气，便急忙把书塞进旅行包里，拿起行李直奔进站口。等她上了车安顿好之后，女孩又从旅行包里找那本没有看完的书。突然，她愣在那里，她看见，她自己买的那盒饼干还原封不动地放在包里呢！原来，那个男孩并不是偷吃她的饼干，相反，她竟然拿起男孩的饼干吃了，也没有说一个“谢”字。

想到这里，女孩感觉有点羞愧，自己误解了对方，可是车已经离站，请求那个男孩原谅已经为时过晚了。她心里非常内疚，因为她自己才是那个心胸狭隘、缺乏教养的人。

学会赞美

赞美的力量就像雨后的阳光滋润着人们的心田，使人们受到极大的鼓励。女孩子喜欢接受别人的赞美，但也别忘了赞美别人。

银行家艾伦先生出差去国外了。艾伦夫人是一位咨询师，工作十分忙碌，她打算聘用一个小时工，来家里做保洁工作。

前来应聘的是一位名叫菲碧的女孩。艾伦夫人要求她下周来上班。在菲碧来之前，艾伦夫人打电话给菲碧的前一位雇主，询问菲碧的工作态度和对她的看法，结果得到的答复是，对菲碧不很满意。

菲碧到任的那一天，艾伦夫人对菲碧说：“几天前，我打电话请教了你的前任雇主，她说你老实可靠，煮得一手好菜，带孩子也细心周到，唯一不足的是理家稍有一点外行，所以雇主总觉得屋子没有被收拾干净。我想那个雇主的话并非完全可信，从你的穿着可以看出来，你是个很讲究整洁的人，我相信你一定也会把家里收拾得既干净又舒服。”

果然，菲碧把家里打扫得干干净净，一尘不染。她与艾伦夫人相处也很愉快。雇佣双方都很满意。

以德报怨

宽容像一朵鲜花，散发着清香，即使有人踩一脚，也依然会把香味留在那人鞋底；宽容如一场小雨，给人以清爽，焕发激情，即使大地很污秽，也依然会覆盖它的周身；宽容似一把花伞，给人以舒适，倾盆大雨将至，即使自己淋雨，也会永远当人头顶的“天空”。

如今，她是一位医生，正逢花季年龄28岁，可是她的右脸边有一道伤疤，这使她至今没有结婚……

本来，医生的职责是救死扶伤，可是，望着眼前这个病人，她犹豫了……

在她上小学三年级时，她的同桌无理地抢过她新买的一支钢笔，她当然不同意，两人扭打在一起，被同桌用一个刀片划伤了她的脸，不算深，但很长。她哭了，她不敢告诉老师和家长，也不愿以牙还牙。她的眼里含着泪，再次看了同桌一眼，同桌的嘴角边有一块痣，她永远都忘不了……在以后的日子里，她成为同学们的笑料，她只有刻苦学习，以优异的成绩来弥补。

再次看着眼前这个病人，她的脸上有着跟同桌一样的痣，不，她就是同桌！同桌是因为车祸而被送进医院的。她只要把刀开得偏一点儿，同桌的脸上也同样会出现一道疤，“复仇”本是人的本性……迟疑了一会儿，她做出了令人吃惊的决定，在“公”与“私”面前，她选择了“公”。她完美地做了这个手术，并且原谅了同桌。

宽容不是风度，而是人格。女医生是值得敬佩的，她以德报怨，宽容别人时，自己心里也很坦荡。

分享也是一种爱

你处处关爱别人，别人也会时时关爱你。

苏菲是一个精明能干的荷兰女商人，从事花木经营。有一年，她从非洲引进了一种罕见的花木品种，栽培在自家的苗圃里。她计划培育两三年，培育出大批量幼株后，在市场上销售这个新品种，指望它物以稀为贵，能卖个好价钱，为自己带来巨大的经济效益。

第二年的春天，她引进的这种花开放了，鲜艳美丽，香飘四方，引来周围邻居和亲友的赞誉和喜爱。他们希望向苏菲要一些这种花木的种子，在自家的苗圃里也栽种一些。但苏菲担心他们会与她抢占市场，就找借口婉言拒绝了。

第三年的春天，又到开花季节。苏菲引进的那种名贵花已经繁育出了上万株，然而，令她沮丧的是，上一年娇艳无比的花朵已经变小了，花色也差多了，花瓣上有杂色，香味也几乎闻不到了。

难道这些花退化了吗？可是，非洲人每年大面积种植这种花，并没有见过这种情况呀！苏菲百思不得其解，便去请教一位养花专家。

专家来到了苏菲的苗圃，仔细查看了花株的生长情况，随后问她："与你这苗圃相邻的地里种的是什么？"

苏菲指着隔壁的苗圃说："那是别人家的苗圃，里面也种植花木。"

"他们种植的也是这种花吗？"

她摇摇头说："这种花在全荷兰，甚至整个欧洲也许只有我一个人种植，他们的花圃里都是些郁金香、玫瑰、金盏菊之类花卉。"

"哦，原来是这样！"专家说，"我知道问题的根源了。"接着说，"尽管你的苗圃里栽种的是这种名贵花木，但与你这个苗圃毗邻的苗圃种植着其他花木，你引进的这种花木在开花季节，被传授了临近苗圃里的其他花卉的花粉，所以它开花一年不如一年了。"

苏菲问专家那该怎么办，专家说："谁能阻挡住风传授花粉呢？要想保持你引进的花不失本色，那就只能让你邻居的苗圃里也都种上这种花。"

于是，苏菲把自己的花种分给了邻居。这些花一上市，便被抢购一空，苏菲和她的邻居都发了大财。

好话悦耳

当你的爱和包容感染到周围的人时，你的美丽同时也撒播给了他们，你就会成为真正有魅力的女孩。

一户人家厨房的灶台上爬上了几只蚂蚁，母亲正懊恼刚才切完水果的时候，没有擦洗干净。

年轻的父亲抱怨说："谁叫你不擦干净！招来了蚂蚁！"

家里的空气似乎凝固了。

就在这时，女儿则笑着说："谁叫我们家里这么甜蜜呢！把蚂蚁都招来了！"

女儿的这一句话，轻松消除了母亲的眉间皱纹，也让父亲露出了笑容。

正在来访的朋友，是一位心理学家，他知道了事情的原委，对这家人分析说，同样面对一件事情，两句话差别很大。"谁叫你不擦干净！"就像一把刀子、像一块石头、像闭门羹，让人感觉生硬，说者说完之后往往也懊悔；"谁叫我们家这么甜蜜呢！"就像花、像和风、像接纳的微笑，说出口必然满室祥和，悦耳中听。

听了朋友的一席话，父亲明白了一个生活哲理：生活中若是给人一些爱和包容，幸福便常有。

忘掉仇恨

一位哲人说，爱就是无限的宽容。人生处世难免会发生一些遗憾的事情。互不原谅对方的过错，不可能成为朋友。

一位名叫安·柯莱瑞的女士，曾担任美国艾奥瓦大学副校长。她曾是艾奥瓦大学最有权威的女性之一。

很久以前，柯莱瑞的父亲远涉重洋到中国传教，她成了出生在中国上海的美国人，所以她对中国人怀有特殊的感情。柯莱瑞终身未婚，对待中国留学生就像对自己的孩子一样，总是无微不至地关照和爱护他们，每年的感恩节和圣诞节总是邀请部分中国学生到她家中做客。

但不幸的事情还是发生了，在1991年11月1日，发生了一起震惊世界的惨案。一位名叫卢刚的中国留学生，在他刚获得艾奥瓦大学太空物理博士学位的时候，开枪射杀了这所学校的三位教授、一位和他同时获得博士学位的中国留学生，副校长安·柯莱瑞也倒在了血泊中。

1991年11月4日，艾奥瓦大学的两万多名师生全体停课一天，为安·柯莱瑞举行了葬礼。安·柯莱瑞生前好友德沃·保罗神父在对她的一生回顾追思时说：

“假若今天是我们的愤怒和仇恨笼罩的日子，安·柯莱瑞将是第一个责备我们的人。”

这一天，安·柯莱瑞的三位兄弟举办了记者招待会，他们以她的名义捐出一笔资金，宣布成立安·克莱瑞博士国际学生心理学奖学金基金会，用以安慰和促进外国学生的心理健康，减少人类悲剧的发生。

她的兄弟们还在无比悲痛之时，以极大的爱心宣读了一封致卢刚家人的信。

致卢刚的家人：

我们刚经历了突发的剧痛，我们在姐姐一生中最辉煌的时候，失去了她。我们深以姐姐为荣，她有很大的影响力，受到每一个接触她的人的尊敬和热爱——她的家庭、邻居，她遍及各国的学术界的同事、学生和亲属。

我们一家从很远的地方来到这里，不但和姐姐的众多朋友一同承担悲痛，也一起分享着姐姐在世时所留下的美好回忆。

当我们在悲伤和回忆中相聚一起的时候，也想到了你们一家人，并为你们祈祷。因为这周末你们肯定是十分悲痛和震惊的。

安·柯莱瑞最相信爱和宽恕。我们在你们悲痛时写这封信，为的是要分担你们的悲伤，也盼你们和我们一起祈祷彼此相爱。在这痛苦的时候，安·柯莱瑞是会希望我们大家的心都充满同情、宽容和爱的。我们知道，在此时，比我们更感悲痛的，只有你们一家。请你们理解，我们愿和你们共同承受这悲伤。

这样，我们就能一起从中得到安慰和支持。安也会这样希望的。

诚挚的安·克莱瑞博士的兄弟们：

弗兰克/麦克/保罗·柯莱瑞

蚌包容了沙子才有了珍珠

人生如意的事情是十之一二，而不如意则是十之八九。每个人都存在不足，你宽容了别人，别人也会宽容你。

一个小女孩要去外地读书，在她离家前，靠养殖珍珠为生的母亲把她叫到一旁，送给她一颗珍珠，告诉女儿说，当工人把沙粒放进蚌壳内的时候，蚌觉得非常不舒服，但又无力把沙子吐出去，所以，蚌面临两个选择：要么是抱怨，让自己的日子很不好过；要么是想办法包容这粒沙子，使沙粒跟自己和睦相处。

蚌都会选择包容的办法。于是，蚌开始把它的精力和营养分一部分去把沙粒包起来。当沙粒裹上蚌的“外衣”时。蚌就觉得它是自己的一部分，不再是异物了。

沙子裹上的成分越多，蚌就越把它当做自己，就越能心平气和地和沙粒相处，沙粒慢慢地就变成珍珠了。

母亲接着说，蚌是无脊椎动物，并没有大脑，它在进化的层次上是很低的。就连这样一个没有大脑的低等动物都知道要想办法，去适应一个自己无法改变的环境，把一个令自己不愉快的“异物”沙粒，转变为可以忍受的自己的一部分，人的智慧又怎么会连蚌都不如呢？

世界上最甜美的葡萄

强力能够劈开一块盾牌，甚至毁灭生命，但是只有爱才具有无与伦比的力量，使人们敞开心扉。

一天，修道院的大门被叫开了，门卫芭芭拉女士惊喜地看到，旁边果园的一个果农给她送来一大串晶莹剔透的葡萄。果农对她说：“芭芭拉女士，我送给你这串葡萄以感谢你在我每次来修道院送水果时对我的关照。”芭芭拉对如此情意浓厚的礼物表示感谢，并对果农说修道院的人会很高兴地享用这串葡萄。

果农满意地离开修道院之后，芭芭拉把葡萄洗净，得意地望着它。忽然，她想起修道院里的一位女病人最近什么也不想吃，便决定把这串葡萄送给她，让她开开胃，“她多么需要营养啊！”

于是，芭芭拉女士把葡萄送到虚弱的病人床前。病人睁开双眼惊喜地看着这串葡萄。芭芭拉对病人说：“马蒂亚斯，有人送给我这串葡萄，但是我知道你什么都不想吃。也许它能带给你食欲。”马蒂亚斯从心里感激她，哽咽着对芭芭拉说：“我将永远记住你，就是有一天死了，也会在天堂里感谢你！”

芭芭拉拿来一个大盘子，把葡萄放在上面，让病人慢慢享用。然后，她又回去继续值班了。

这位病人拿起葡萄，又想起应把它送给对自己倾注了大量心血、整日整夜地为她操劳的护士，以慰藉自己的灵魂。于是，这位病人呼喊护士，护士以为病人出了什么问题，就迅速赶到了她的床前。

病人对护士说："埃斯特万，芭芭拉女士惦记着我的病，送给我这串葡萄，让我品尝。由于我什么都没有吃，现在我吃了它可能伤胃，我想还是让你吃，你对我一直照顾得很不错。我很感谢你！"护士坚持让病人吃，但是越坚持，病人越是拒绝。护士感谢病人送给她如此诱人的礼物，不得已便决定把这一串葡萄带走。

护士边走边想，这一串葡萄应该送给兢兢业业为大家服务的女厨师。于是，她来到厨房，找到了女厨师娜拉，并对她说："你的心像这串美丽的葡萄一样高尚，这串葡萄送给你吧。"娜拉谢绝了护士的好意，她认为最好把葡萄送给为大家操劳的修道院院长。

……

就这样，这串葡萄在整个修道院传来传去，重新又回到了芭芭拉手中。她惊奇得不知所措，决定不再让这串葡萄兜圈子了。于是她不再迟疑，招呼大家一起品尝。她们觉得从来没有吃过如此甜美的葡萄。

不做爱说闲话的女孩

要常想理由赞美别人，绝不搬弄是非，道人长短。想要批评人时，咬住舌头，想要赞美人时，高声表达。

罗马城里住着一位叫安东尼奥的牧师，德高望重，受人爱戴，因此经常有信徒前来向他倾诉和忏悔。

有一天，一个女孩来到安东尼奥面前倾诉苦恼，牧师很快明白了这个女孩的症结所在。原来，这个女孩心地倒也不坏，只是喜欢在别人面前说闲话。她的这些闲话被传来传去，往往给别人造成一定的心理伤害。

牧师说："你不要再随便谈论别人的缺点，我知道你也为此苦恼。现在请你回去捉一只鸡，拿到附近的山顶上，将鸡毛一根一根地拔掉扔出去，做完了再来告诉我。"

女孩虽然觉得这个开释的办法有点古怪，但为了消除心里的烦恼，她没有提出异议，她去市场上买了一只鸡，遵照牧师的叮嘱，爬上了山顶，拔下了所有的鸡毛并全部扔了出去。然后她回来告诉牧师说，她已经都做完了。

接着，牧师说："你已完成了赎罪的第一部分，现在要做第二部分：你去把刚才扔出去的鸡毛全部捡回来。"

女孩一听，十分为难地说："这怎么可能呢？山上的风那么大，那些鸡毛早被刮得满山都是了！也许我去了可以捡回来一些，但是我不可能全捡回来啊！"

"没错！我的孩子。你那些脱口而出的闲话不也是如此吗？当你想到这些闲话并开始想收回时，就一定能收回吗？那只受伤的鸡还能恢复原来的样子吗？它难道不痛苦吗？"

女孩听了惭愧地说："牧师，我知道错了！我明白了！"

不做粗心的女孩子

事实上，成功与失败的最大分别，来自不同的习惯。好习惯是开启成功的钥匙，坏习惯则是一扇向失败敞开的门。因此，你首先要做的便是养成良好的习惯，全心全意地去实行。

贝蒂是一个漂亮的小姑娘，她的朋友却经常叫她“粗心的贝蒂”。贝蒂经常到处乱放东西，而且总是丢三落四，妈妈只得帮她收拾房间。

妈妈提醒贝蒂，要从小就养成细心的好习惯，总是这样粗心不仅会影响学习成绩，长大了还会影响自己的事业。可是贝蒂总是不以为然，对妈妈的话，她一个耳朵进一个耳朵出。

有一天，贝蒂在花园里看书，好朋友安琪来找她，“贝蒂，我的堂弟要借我的《鲁滨孙漂流记》画册，你早看完了吧，快还给我。”

“哦，那让我找找吧。我上次拿回来的画册放在哪里？我记不起来了。”贝蒂焦急地问在做家务的妈妈。

“一直在你的房间里的，难道你不记得了吗？”

“哦！我知道了，安琪你等一下，我马上拿给你！”贝蒂担心自己弄丢了，那样安琪会生气的。

贝蒂来到了自己的房间，看到她的宠物狗正在撕咬画册，这本精致的《鲁滨孙漂流记》已经被咬烂了。

“哦，我的天哪，那可是姑姑送我的生日礼物啊！”安琪生气地喊道，“贝蒂，看看你是怎样保管我的图书的？你一点也不懂得珍惜它！”

安琪哭着离开了。贝蒂也忍不住流下了眼泪。

妈妈安慰贝蒂说："你是不是把画册放在了小狗可以够到的那里了？以前提醒过你多少次了。我去新买一本还给安琪吧，以后不要再那么粗心了！"

从这件事之后，贝蒂变了，做什么事情都认真细心了不少。安琪原谅了她，她们又成了好朋友。